U0489222

Staread
星文文化

# 孩子为什么这样说？

## 读懂孩子话语背后的秘密

［韩］千英姬 著　　向阳 译

北京日报出版社

图书在版编目（CIP）数据

孩子为什么这样说？/（韩）千英姬著；向阳译 .  --北京：北京日报出版社，2024.7
ISBN 978-7-5477-4667-7

Ⅰ.①孩… Ⅱ.①千… ②向… Ⅲ.①儿童心理学②儿童教育—家庭教育 Ⅳ.① B844.1 ② G782

中国国家版本馆 CIP 数据核字（2023）第 157813 号

내 아이의 말 습관 (My Child's Speaking Habits)
Text and illustrations copyright © Chun Yeonghee, 2022
First published in Korea in 2022 by WHALEBOOKS
Simplified Chinese edition copyright © Tianjin Staread Culture Co., Ltd., 2024
All rights reserved.
This Simplified Chinese edition published by arrangement with Whale Books through Shinwon
Agency Co., Seoul. and CA-LINK International LLC (Beijing Office)

北京版权保护中心外国图书合同登记号：01-2023-5947

## 孩子为什么这样说？

| 出 品 人： | 柯　伟 |
| --- | --- |
| 选题策划： | 刘　嫄 |
| 责任编辑： | 曹　云 |
| 特约编辑： | 宋　鑫 |
| 封面设计： | 车　球 |
| 版式设计： | 修靖雯 |
| 出版发行： | 北京日报出版社 |
| 地　　址： | 北京市东城区东单三条 8-16 号东方广场东配楼四层 |
| 邮　　编： | 100005 |
| 电　　话： | 发行部：（010）65255876 |
|  | 总编室：（010）65252135 |
| 印　　刷： | 三河市嘉科万达彩色印刷有限公司 |
| 经　　销： | 各地新华书店 |
| 版　　次： | 2024 年 7 月第 1 版 |
|  | 2024 年 7 月第 1 次印刷 |
| 开　　本： | 880 毫米 ×1230 毫米　1/32 |
| 印　　张： | 8 |
| 字　　数： | 190 千字 |
| 定　　价： | 45.80 元 |

版权所有，侵权必究，未经许可，不得转载

教育是极具创造性的事，
倾听孩子的话，不断提出问题，
才能成就极具创造力的孩子。

## 凡例

书中提及的年龄均指周岁年龄。

本书中虽频繁使用"父母""妈妈""爸爸"这样的称呼，但只要是孩子的养育者，均可以在日常教育中运用本书中所传达的知识。

# 前 言

## 孩子总说的那句话是什么意思?

### 有话要说的孩子,不会倾听的父母

孩子一开口,总是令父母无言以对。

"不要!"
"我不!"
"我讨厌妈妈。"
"我不跟爸爸玩了。"
"走开!"
……

孩子总是不喜欢父母的提议,有时甚至对和父母待在一起这件事都是抗拒的。碰上这种情况,一些父母通常会发火质问孩子:"你到底是从哪里学的这些话?"

一些父母会去心理咨询室或教育机构寻求帮助,或是阅读家庭教育类的书籍,试图从中找到能够与孩子交流的方式。然而,针对你和孩子的情况,书上往往不会有一模一样的案例。如果生搬硬套的话,不仅会让你更加迷茫,而且对你和孩子的沟通也起不到太大作用。

我也不例外。在养育我家老大时,我是完全按照书本上的指导来做的,并认为自己做得很好。每每和其他父母聊起育儿话题时,我也总是站在专家的角度给予他人推心置腹的建议。但从我养育老二开始,情况就发生了变化。"我不想去幼儿园!"老二从刚会说话起,就把"我自己来!""不要!""讨厌!"这些话挂在嘴边,搞得家里每天都鸡飞狗跳。

与一个挑剔又敏感的孩子相处并非易事。曾苦口婆心地劝说别人"即使多费点功夫也一定要跟孩子好好沟通"的我,彼时是多么希望自己拥有一双能够屏蔽孩子言语的耳朵啊。相信很多父母都是这样的,一边下定决心要听进去孩子的话,一边对大发脾气或揪住话茬不放的孩子无可奈何,或是忍不住发火。

别急,让我们暂时把思绪拉回怀孕的时候吧。孩子还在腹中的那十个月,我们总会隔着肚皮对他说很多话,积极地跟他互动。

"宝宝,我是妈妈。听到妈妈的声音了吗?"
"宝宝,妈妈今天心情很好哟!"
"宝宝,天气要变冷了!"

孩子出生后,父母往往展现出一种惊人的能力,那就是仅凭孩子的哭声就能解读孩子的内心。

"原来你是因为拉便便了,所以感觉不舒服啊。爸爸这就给你换片尿布。"

"宝宝肚子饿了呀!妈妈这就去给你做饭,稍等一下哦。"

然而,当孩子开始咿呀学语,嘴里蹦出"妈妈""爸爸"等越来越多词语的时候,神奇的事情就发生了——父母的耳朵渐渐关上了,可那双耳朵曾经在倾听孩子的话时是最包容的。孩子不断长大,渐渐能够说出完整的句子,能够清楚地表达自己的想法后,父母读取孩子内心的能力去哪儿了呢?当孩子开口说话时,父母为什么又堵上了耳朵,沉默相向呢?

其实,只要打开耳朵倾听一下孩子的话,很多事情就会变得不同。某天早晨,面对孩子准时到来的"不要!""我不去!",我试着不去理会抱怨,转而询问他为什么讨厌去幼儿园。

"你为什么不想去幼儿园呢?"

"因为幼儿园里没有妈妈呀!"

听到答案的一瞬间,我鼻尖一酸。

"原来是想和妈妈待在一起啊,妈妈也想和你待在一起。谢谢你给了妈妈这么多的爱,妈妈也非常爱你。"

"那你为什么还要把我送去幼儿园?"

"因为妈妈也要去上班呀。虽然我们白天不能待在一起,但妈妈对你的爱是不变的。即使在我们分开的时候,妈妈也是一直惦记着你的。"

原来孩子只是一直不理解,为什么互相喜欢却不能待在一起,一定要和妈妈分开,独自去上幼儿园。

在幼儿园门口即将分别之际,孩子对我说:

"我会想妈妈的,妈妈也要想我哦。"

到了放学时间,我到幼儿园去接孩子,孩子又对我说:

"妈妈!我一直在想你,你呢?"
"妈妈也一直在想你呢。"

不要粗暴地以自己的想法单方面解读孩子的话,而是应该向他提出问题,倾听孩子的内心,这样也有助于进一步理解孩子。也只有这样,父母才能厘清头绪。

## 孩子常说的话中,隐藏着所有问题的答案

父母总是很忙碌,既要应对职场压力,又要处理家庭事务。所以,他们很少有时间坐下来与孩子面对面地沟通。如此一来,能够真诚地对孩子的话做出回应的父母并不多。多数父母只关注孩子是否认真听了自己的话。

所以，父母只要能够重新集中精力听孩子说话，很多问题就可以解决。因为孩子的想法和情感，以及关于他们的各种信息都集中在他们自己身上，所以把孩子常说的话作为线索，就能倾听到孩子内心真正的想法。

"妈妈最近说的哪些话让你感到很开心呢？"
"妈妈做什么事情的时候会让你感到这件事很珍贵？"
"爸爸做哪些事情的时候会让你感到幸福？"

每个孩子的性格不同，因此想要得到的东西也不同，对问题的答案也会不同。有些孩子希望父母能够充分读懂自己的心声，而有些孩子只希望父母能够认真听自己说话就行了。

"爸爸做什么事情的时候会让你觉得自己得到了爱？"
"爸爸拥抱我的时候。"

"妈妈，别的小朋友把我推倒了，我的手受伤了，要贴创可贴才行。我讨厌那个小朋友。"
"你一定很伤心吧。让妈妈看看。疼吗？需要妈妈帮你做些什么呢？"
"不需要帮我什么，贴一片创可贴就行了。"

常与孩子交流，有时会被只有孩子才能说出的话震惊到："你是天才吗？竟然能说出这样的话！"刚学会说话的孩子，他们的言语是最纯真的、最本能的，是只有在那个年龄段才能够做出的表达。随着成长,孩子会受到社会的影响,他们的这份独特性会渐渐消失。这也是我们此刻需要更加认真地倾听孩子的一个原因。因此,我把和孩子聊天时发生的那些想要永远留在记忆中的对话都记录了下来。

从现在开始,请父母打开自己的耳朵,让孩子畅所欲言吧!父母是比任何人都更了解孩子的人。从父母不再以自己为中心,而是试图去理解孩子言语的那一刻起,父母就踏上了最幸福的育儿之路。如果父母重视并关注孩子言语中隐藏的内心世界,那么到了孩子青春期时彼此就能够很好地沟通。"妈妈,你根本不了解我,你就不要管我了!我说过,我会自己看着办的!"这样的话隐藏的意思是:"妈妈,你到底有没有听我说话?为什么妈妈只会自顾自地说自己的话?"

当然,要想听懂孩子的话是需要经过训练的。我们生活在一个瞬息万变的时代,许多父母希望孩子能够听进去自己那些"必要的话"也是可以理解的。然而,教育不是一个三下五除二就能快速解决的事情,而是需要付出时间和真心并长期践行的过程。栽培一棵植物,从种植到结果尚且需要经过漫长的时间,更何况是培养我们的孩子呢?

我家老大最近因为老二的存在感觉压力很大,且多有抱怨。因此,在一次睡前我拥抱了他,并问了他一个问题。

"最近被弟弟搞得压力很大,经常需要忍让他,你肯定很累吧?"

老大听到我的话,紧紧地抱住我。

"妈妈,谢谢你对我说这些。"

每个孩子都有自己惯用的语言。当孩子反复说起自己经常说的话时，要么被父母忽略，要么被父母训斥并要求改正。其实，了解孩子的说话习惯是我们开启孩子内心最好的一把钥匙。本书从人的需求出发，以心理学中的"九型人格理论"为依据，将孩子常说的话分为不安型语言、探索型语言、趣味型语言、主导型语言、渴求型语言和情感型语言六大类，旨在帮助各位父母更加有效地倾听孩子的话，对孩子的话做出恰当的回应。

但是，请各位父母不要忽略一个事实，那就是还有一些孩子并不是通过语言，而是通过行为来展现自己内心的。六大语言类型只是帮助我们了解孩子的一种工具，而不是将孩子的表达类型化，或为他们制定某些语言标准。本书希望把不同性格的儿童，以及他们在不同年龄段最常说的话整理在一起，给那些因孩子滔滔不绝的话语感到头晕目眩的父母提供一些指南。

当下，父母和各路专家的发言铺天盖地，我们比以往任何时候都更需要学习如何倾听孩子的话。希望通过阅读此书，各位父母都能够学会听懂孩子的话，而不是一味地让孩子听自己的话。

**测一测**
**你是否和孩子建立了良性沟通**

下表中共有 20 道关于良性沟通的问题。其中，15 道是得分题，5 道是扣分题（11、12、13、14、15）。满分 100 分，得分越高则说明沟通越良性。

现在，就来测测你与孩子在沟通方面的得分吧。即使读完本书，在之后的育儿过程中你也可以随时通过此表进行测试，以便更好地了解你与孩子的沟通状况。

| | 问题 | 完全不会（1） | 基本不会（2） | 偶尔会（3） | 会（4） | 经常如此（5） |
|---|---|---|---|---|---|---|
| 1 | 我会用各种办法帮助孩子顺畅表达他的想法。 | | | | | |
| 2 | 我跟孩子说完话后，一定会耐心等待并聆听孩子的回答。 | | | | | |
| 3 | 即使我和孩子的意见相左，我也不会打断他，而是等他把话说完。 | | | | | |
| 4 | 孩子和我讲起幼儿园或家里的事时非常兴奋。 | | | | | |
| 5 | 和孩子聊天的时候，我会努力让他感受到我很爱他。 | | | | | |
| 6 | 如果可以的话，我想和孩子尽可能多地聊天。 | | | | | |
| 7 | 我和孩子聊天的时候感觉非常愉快、幸福。 | | | | | |
| 8 | 当我想跟孩子聊天时，无论任何话题都能自由地和他交谈。 | | | | | |

| | | | | | | |
|---|---|---|---|---|---|---|
| 9 | 我尊重孩子的意见,无条件相信孩子说的话。 | | | | | |
| 10 | 即使孩子对我表示不满,我也能够耐心地听他说完。 | | | | | |
| 11 | 比起表扬孩子做得好的事,我更经常批评他做得不好的事。 | | | | | |
| 12 | 当孩子不同意我的意见时,我会发牢骚或生气。 | | | | | |
| 13 | 当我和孩子持不同意见时,我会坚持认为我是对的。 | | | | | |
| 14 | 任何事都由我来做决定,孩子只需要听从。 | | | | | |
| 15 | 在我和孩子的对话中,是以我说话为主的。 | | | | | |
| 16 | 当我和孩子意见相左或发生争执时,会通过各让一步达成妥协。 | | | | | |
| 17 | 我和孩子聊天时能充分理解孩子想要表达的意思。 | | | | | |
| 18 | 做与孩子有关的重要决定时,我会让孩子参与讨论。 | | | | | |
| 19 | 即使我不说,孩子也能观察到我的情绪。 | | | | | |
| 20 | 我会等待孩子独立找到问题的解决方法。 | | | | | |

来源:将霍华德·L.巴恩斯(Howard L.Barnes)和戴维·H.奥尔森(David H. Olson)开发的《亲子沟通量表》[Parent–Adolescent Communication,PAC(1982)],在金允喜改编的测试工具(1989)基础上形成,由李明兰修正并补充。

# 目录

### 第一章　针对使用不安型语言的儿童
#### 情绪稳定的信任式倾听法

| | |
|---|---|
| 妈妈，你也会死吗？ | 008 |
| 我梦到了妖怪 | 013 |
| 我把自己的书包都收拾好了 | 017 |
| ★如何帮助孩子主动完成自己的事★ | 022 |
| 如果交不到朋友怎么办？ | 026 |
| 这样做可以吗？这个能吃吗？我可以玩一会儿吗？ | 032 |
| 你上次说要给我买玩具，到底什么时候买？ | 038 |

## 第二章　针对使用探索型语言的儿童

### 提高解决问题能力的创造式倾听法

| | |
|---|---|
| 我们一边猜谜，一边走路吧！ | 051 |
| **★如何提高孩子解决问题的能力★** | 056 |
| 你知道这是什么吗？ | 059 |
| 这是什么？为什么？为什么要那样做呢？ | 065 |
| 不要在别人面前说我的事！ | 070 |
| 我想自己玩！ | 075 |

## 第三章　针对使用趣味型语言的儿童

### 让孩子有主见的鼓励式倾听法

| | |
|---|---|
| 我们去游乐场玩吧！和我一起玩！ | 086 |
| 快看我！好不好笑？ | 093 |
| 我都被批评过了，现在可以去玩了吧？ | 098 |
| 我不想跳芭蕾了！我想去学跆拳道！ | 104 |
| 哇，这个好有趣！哇，那个也好有趣！ | 108 |

### 第四章　针对使用主导型语言的儿童

#### 促进自我调节能力的肯定式倾听法

| | |
|---|---|
| 我来做，我能做到的！ | 122 |
| ★培养独立自主能力的注意事项★ | 129 |
| 你为什么不听我的话，我生气了！ | 131 |
| 不要，我要再玩一会儿。我不想回家！不要！ | 137 |
| 这是我的！不要动！不给你玩！ | 141 |
| 我讨厌妹妹，如果没有妹妹就好了！ | 147 |
| 爸爸妈妈，你们是在吵架吗？ | 152 |

### 第五章　针对使用渴求型语言的儿童

#### 培养健康自尊心的深情式倾听法

| | |
|---|---|
| 快夸夸我！ | 162 |
| 抱抱我，亲亲我吧！ | 168 |
| 看着我，牵着我的手睡吧！ | 174 |
| 喜欢我，还是喜欢弟弟？ | 178 |
| 给朋友们准备一些糖果吧！ | 183 |

## 第六章　针对使用情感型语言的儿童

### 培养共情能力的尊重式倾听法

| | |
|---|---:|
| 突然好想哭 | 195 |
| 我好高兴！我不开心！ | 203 |
| 妈妈，我生你的气了！ | 209 |
| 这个明明就是歪了嘛！ | 215 |
| 不是那个，也不是这个！ | 222 |
| 朋友不跟我玩。 | 225 |
| **★如何理解孩子拒绝别人的行为★** | 230 |

## 结　语　请父母停止长篇大论的反省！

| | |
|---|---:|
| 最具创造性的育儿从现在开始 | 233 |

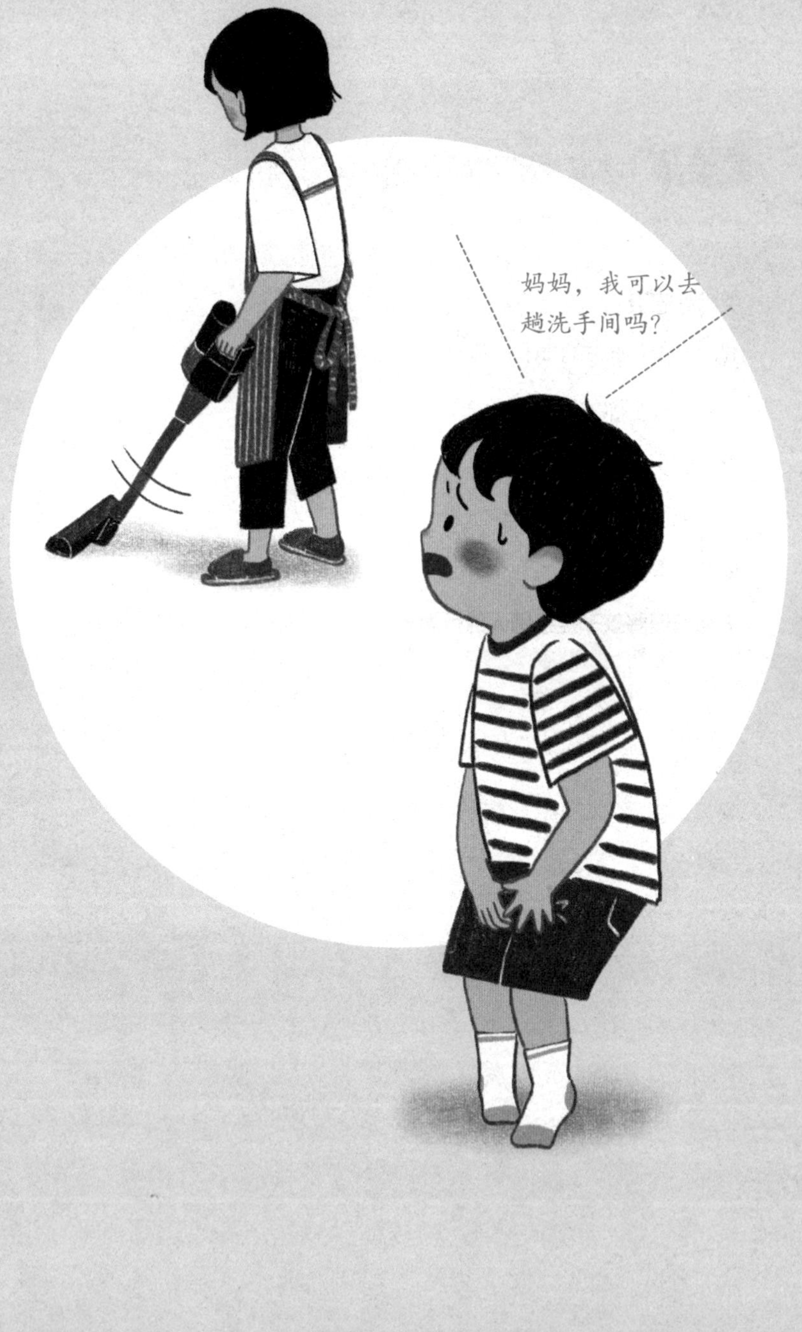
妈妈，我可以去
趟洗手间吗？

## 第一章

# 针对使用不安型语言的儿童

### 情绪稳定的信任式倾听法

稚嫩的话语中,隐藏着孩子真实的内心。

"如果我不先去问妈妈,自己试着做却出了问题的话,该怎么办呢?我好担心。"

"我想在妈妈面前表现得好一点。"

"必须先问一下妈妈,这样我和妈妈的心里才能都踏实。"

在电视上看到某人死亡的情节,或在生活中听闻某人的死讯后,孩子问道:"妈妈,你也会死吗?"

"我的书包都收拾好了。这样可以吗?"即使孩子已经主动为上幼儿园做好准备了,也还是会反复问,并事无巨细地一一确认。

孩子清楚地记得之前的约定,反复追问父母:"你答应买给我的玩具,到底什么时候去买呢?"

面对新学期的到来,孩子在出门前充满焦虑地问道:"如果我交不到朋友的话,我该怎么办?"

这些话的内容虽然不一样,但说出这类话的孩子有一个共同点,那就是内心时常感到不安,因为他们对安全感有着很高的需求。这类孩子一旦无法确定自己处在安全的环境中,就会感到担忧或者害怕,从而希望获得他人的指引。得到确切的指导或找到明确的方向后,他们才会安心。

经常使用不安型语言的孩子，通常诚实、认真，做事前会做好充分的准备，习惯慎重地反复思考。因此，他们会认真地为未来制订计划，将自己的事情安排得井井有条。他们能够用平静而明确的话语来确认他人的想法，非常遵守与父母、朋友之间的约定。这类孩子的责任心很强，能够获得身边人的信任，同时他们对自己也非常诚实。

不过，随之而来的是，这类孩子容易产生无谓的担忧，面对事情很难做出决定，所以他们会反复询问他人的想法和意见。在决策时，他们也倾向于遵循家庭成员的想法、社会的规则或是既有的模式。由于希望事情能够在自己的掌控之中，所以他们喜欢确定的状况，惧怕新鲜事物发起的挑战。

需要明确的是，孩子反复征询别人的意见、确认他人的想法，是由于内心不安。孩子想要消除这种不安，就会提前做好充分的准备，或向他人确认自己所做的是正确的事，是可以做的事。只有这样，孩子才能够获得平静，感到安稳。英国发展心理学家凯瑟琳·班纳姆（Katharine Banham）认为，孩子的不安感产生于6月龄之前。新生儿来到人世后，以6月龄为分界点，在此之前会形成不安感，在此之后则能够生出恐惧的情绪。孩子从出生至12月龄时，会本能地害怕大的声响或与父母的分离。这是因为他感受到了生存的威胁。分离焦虑会在孩子14~18月龄时达到顶峰，随后逐渐减弱。

孩子在1~4岁时，会因为害怕黑暗而不想睡觉，只想一直醒着。到了5岁左右，孩子会对有可能给身体造成威胁的现实状况感到恐惧，也会对雷电、暴雨等自然现象感到恐惧。也就是说，在这一阶段，令孩子感到不安的对象会变得更加现实和具体。随着孩子的成长，令孩子担忧、焦虑的对象也会发生变化。虽然每个孩子的感受程度存在差异，但对有可能威胁到自身生存的东西感到不安，对孩子来说，是极其正常的表现。

孩子想要摆脱某种威胁或克服某种恐惧的过程中，会经受紧张、不安、担忧和恐惧。适当的不安，对孩子提高安全警惕性是有积极作用的。但过度或长期的不安，则会打破孩子植物神经系统的平衡，造成植物神经紊乱。也就是说，过度不安会使人对日常生活做出不现实的、消极的预想，并接受这种预想可能引发的后果，从而导致认知扭曲。此外，过度不安除了表现为依赖父母或缺乏自我主张，凡事畏首畏尾，还可能引起肌肉紧张、眩晕、头痛、腹痛等身体症状。

为了避免孩子出现这种不安，父母能做什么呢？那就是用信任来抚慰孩子内心的不安。不安和信任有些相似，它们都是抽象的，是肉眼看不见的。但二者也存在明显的差异。如果说不安是一种看不见的缥缈的情绪，那么信任就像是能看得见摸得着一样真实存在的情感。

这就像每位父母在养育孩子的过程中，都坚信自己的孩子现在虽然只是一颗小小的、娇嫩的种子，但以后一定会开放出漂亮的花朵，或成长为一棵参天大树。作为父母，他们相信自己的孩子身上隐藏着才华和闪光点，这种对孩子有潜力、有无限可能的信任是非常有价值的。

正在阅读本书的各位父母，一定对自己的孩子怀有某个方面的期望，并坚信孩子是可以达到期望的，对吧？在平时的教育咨询中，孩子如果不安感强烈，绝大多数父母都相信自己的孩子是像下面这样的：

> 我的孩子
> · 想成为一个让父母感到骄傲的人。
> · 想给父母和其他重要的人带来欢乐。
> · 想学习新的事物。
> · 想熟练掌握新技术和新知识。
> · 想在机会来临的时候勇敢地做出选择。
> · 希望被社会接纳，并成为其中的一员。
> · 想和其他人一起参与活动。
> · 想在适当的时机表达自己的意见。

在咨询现场，我们常会看到这样的场景。当父母给予孩子信任，并耐心地对待孩子时，孩子即使会犹豫，最终也会再次回到父母的怀抱。对孩子来说，有一个真正相信自己的人是很重要的。相信父母真的爱自己，相信自己即使犯了错误也会被接纳，相信自己在疲倦的时候可以随时倚靠父母的肩膀。

父母要相信孩子拥有内在的力量，拥有克服困难的力量。只要我们相信孩子，孩子就会慢慢地发生改变，在摸索答案的过程中一步步成长起来。并且，父母应该在任何情况下都相信孩子。多对孩子说积极的话，传递给他们积极肯定的信息，不要对他们说太多消极的话，不要传递怀疑的想法。当然，这需要一个过程，实现起来并不容易。

"我相信你，你会做得很好的。"

"失败了也没关系,这本来就不是一件容易的事。"
"妈妈任何时候都会在这里等你。"

父母明确的态度可以驱散孩子的不安。当孩子由于不自信而进行过度的准备和提问时,父母应该明白,这是孩子为了减轻不安感而做出的行为,应该给予孩子耐心的等待。当父母相信孩子并给予孩子鼓励,与孩子能够亲密无间地沟通,从而建立起信任关系的时候,孩子就会产生坚定的信念,认为:"人间值得,这个世界是值得信任的。"

相反,在养育孩子的过程中,如果父母对待孩子的态度缺乏一贯性,或是不能满足孩子的基本需求,则会引发孩子的不安感和不信任感。著名发展心理学家爱利克·霍姆伯格·埃里克森(Erik Homburger Erikson)把人的心理社会性发展分为八个阶段,他将第一个阶段称为"信任对不信任"时期,强调在这一时期建立信任是最重要、最基本的任务。信任是从与自己有亲密关系的人那里获得的,是形成健康人格的基础。

信任关系的形成,能够对孩子的思维、经验和行为产生决定性的影响。因此,在本章中我们会剖析使用不安型语言的孩子的内心世界,希望能够通过案例,向大家展示与孩子建立亲密关系、积累信任的方法。

# 妈妈，你也会死吗？
## 担心父母离开的孩子

孩子也会接触到死亡的话题。看新闻，听到某位熟人或亲友去世的消息，或是偶然经过一片墓地，都会让他们知道死亡。于是，某天，他们会突然抛出类似这样的问题：

"漫画里的那个小朋友没有妈妈，因为他的妈妈死掉了。妈妈，你也会死吗？"

到我咨询室进行咨询的一位母亲，曾坦率地回答孩子说"妈妈也会死"，孩子听到她的答案后痛哭不止。这位母亲为此感到十分苦恼，她向我倾诉不知该如何与孩子谈论关于死亡的话题。当孩子提出与死亡有关的问题时，我们的确很难在短时间内给出合适的答案。

这是发生在我怀第二胎八个月时的事。有一天，我送老大去幼儿园，他却说他不要进幼儿园。我想：他是不是想让我一直陪他玩呢？与其不管三七二十一地把他送进去，不如带他去游乐场玩一会儿吧。等玩的时候，我再问他今天为什么不想上幼儿园。

在我这样做之后，孩子果真说出了自己的想法：

"妈妈一个人在走回去的路上摔倒了怎么办？我担心妈妈在路上流血受伤。"

原来，孩子看到妈妈的肚子一天天鼓起来，就连走路都逐渐变得费劲，于是发自内心地担心妈妈。他担心妈妈发生意外，害怕妈妈突然离开自己，所以才不想去上幼儿园。虽然当时正值隆冬，但我还是和孩子在游乐场里敞开心扉地交谈了好一会儿。"妈妈，你去医院也不会死掉吧？"面对孩子再度提出这样的问题，我是这样回答他的：

"原来你是害怕以后见不到妈妈了啊！看到你这么担心的样子，我就知道你一定很爱妈妈。没错，妈妈会到医院去生宝宝，所以咱们可能会暂时分开几天。但你放心，妈妈非常健康，当妈妈需要去医院的时候，一定会提前告诉你。等妈妈生下小弟弟或小妹妹之后，你还可以来医院看妈妈。妈妈以前健健康康地生下了你，之后也会健健康康地生下小弟弟或小妹妹。而且，就像昨天和今天陪你一起玩一样，今后妈妈也会陪着你、照顾你。"

## 孩子惧怕死亡的潜在心理

坦白地说，关于死亡的问题，即便是父母也很难以真正平和的心态来回答。因为不仅是孩子，就连父母自己也对死亡感到恐惧和担忧。所以，当孩子提出关于死亡的问题时，一些父母会选择回避，更有甚者会指责孩子问出这样的问题。

孩子之所以会提出关于死亡的问题，是出于他们内心深处对父母的关心和担心，反映的是孩子的一种盼望——想要和生养自己的父母长长久久地生活在一起。在孩子的心中，不管其他人怎么样，他们希望自己的爸爸妈妈永远不会死掉：

> "妈妈如果能一直陪在我身边就好了。因为想要一直在一起，所以想到以后可能无法像现在一样，就会感到十分悲伤。"

"人都会死，妈妈总有一天也会离开。不过你为什么会问这个问题呢？这种话可不能随便说啊。"如果父母试图像这样匆忙切断话题的话，那么孩子对死亡的担忧并不会有所减轻。像"别说没用的话，快去玩玩具吧"或者"回房间学习去吧，爸爸妈妈不会死的"这样轻飘飘地把问题一带而过的做法，也绝不可能减轻孩子的担忧和伤感。

## 让孩子不再惧怕死亡的方法

孩子慢慢长大，会提出更加成熟的问题。父母在任何情况下都不要选择向孩子撒谎或兜圈子，实事求是地回答是最好的。孩子能够向父母提出敏感的问题，这本身是一个积极的信号。这种时候，父母应当坦率地回答孩子的问题，这有助于积累与孩子之间的信任。如果父母遇到自己也无法解答的问题，应当坦白地告诉孩子，自己虽不懂，但会在了解到更多的信息之后做出解答。

对于在孩子提出关于死亡的问题时如何作答，有一项研究结果值得大家参考。匈牙利心理学家玛利亚·纳吉（Maria H. Nagy）为了了解孩子们对死亡的认识，曾在"二战"结束后不久对400名匈牙利儿童进行了调查研究。研究发现，孩子对死亡的认识，在其3~10岁经过了下列几个发展阶段。

首先，3~5岁是第一个阶段。这一阶段的孩子不认为死亡是生命的终点，他们觉得死去的人只是像睡着了一样，处于一个相对不太活跃的状态。他们认为死亡只是一个人的临时状态，死去的人一定还会在某个时刻重新活过来。因此，他们认为死亡是可以避免的事情。

其次，5~9岁，孩子对死亡的认知处于第二个阶段。这一阶段的孩子已经可以理解死亡就是生命的终点。他们依然认为死亡是可以避免的，但无法将死亡与自身联系在一起。

最后，9~10岁的孩子进入了第三个阶段。这一阶段的孩子终于理解了死亡意味着什么，明白每个人都会走向生命的终点，自己也不例外。更进一步说，这一阶段的孩子能够懂得死亡不是因某种暴行或犯错而被施以的惩罚，而是正常生命周期中的一部分。如果父母能够理解孩子会因成长而改变对死亡的认知，那么当孩子提出关于死亡的问题时，就能更好地应对了。

一般情况下，当孩子担心父母会死去时，父母可以采取下面的做法，来缓解孩子的担忧。

## 1. 询问孩子对于死亡的感受和想法。

当孩子开始接触"死亡"的概念时，可以试着和他展开对话。特别是有些孩子通过电视或游戏等渠道接触到死亡，对死亡的理解有一定的偏差，对这个话题感到十分消极。有些孩子甚至因为担心父母去世连觉都睡不好。因此，父母最好能够和孩子就"死亡"这一话题展开充分的沟通。

"如果爸爸妈妈去世了，你会怎么想呢？"

"妈妈，如果你死掉的话，我也活不下去了。我可能会感到后悔吧，之前应该对爸爸妈妈更好一些的。"

"你对爸爸妈妈已经非常好了，不要为此感到后悔。我们会努力陪伴你很久很久的。就像现在爸爸妈妈帮助你一样，等你长成大人了，再来给爸爸妈妈帮忙就好了。"

**2. 将关于死亡的话题引导至感恩当下。**

把对死亡的思考引导至感恩当下彼此还能够在一起的方向，不失为一个好办法。和孩子探讨关于死亡的话题，可以成为引导孩子学会珍惜家人、感恩每一天的好机会。

"原来你有这种想法啊。想要珍惜的人死去了，这的确是一件令人悲伤的事。但今天你和妈妈都还活着，我们还可以像这样面对面地聊天，这是多么值得感恩的一件事啊！人只要保持健康，就能活很久很久的，妈妈最近不就在坚持锻炼身体吗？"

# 我梦到了妖怪

## 害怕睡觉的孩子

"我孩子 5 岁了，最近总是做噩梦。出车祸的梦、公寓倒塌的梦、被车轮碾轧的梦……最近的生活和平常没什么区别，他也没有看过什么刺激性的影片，为什么会这样呢？是孩子心理焦虑，还是成长到这个阶段就会产生这样的担忧呢？我现在真的不知道该怎么办。"

儿童在成长的过程中，即使没有观看过刺激性视频或遇到过重大事故，也是会做噩梦的。更有甚者，每天都会做与生存、安全有关的噩梦，而且这种情况下如果把孩子唤醒的话，孩子会拒绝再次入睡。但多数情况下，做噩梦的情况会随着孩子的成长而逐渐好转，这是一种非常正常的现象。

我也有过类似的经历。哄 5 岁的老二睡觉时，我总是比他先睡着。翻来覆去睡不着的孩子在一旁滚来滚去，还爬到我的身上把我吵醒。为了让超过凌晨 1 点才能睡着的孩子早点睡觉，我试过让他早早躺下，或是白天充分消耗他的体力，抑或在睡前用温水为他泡澡放松，但都收效甚微。终于有一天，我下定决心跟难以入睡的孩子聊一聊。

"你为什么总是不睡觉,在那里滚来滚去的?"
"因为我害怕做噩梦。妈妈,我害怕做噩梦,所以才一直睁着眼睛不睡觉。"

## 孩子害怕睡觉的潜在心理

如果没有跟孩子主动沟通的话,我也许永远都不知道,孩子是因为怕做噩梦才不睡觉的。虽然有些孩子会在做噩梦之后主动告诉父母,但也有些孩子在父母主动问起之前是不会提的。

由于孩子很晚都不睡觉的原因有很多,所以父母最好主动问一问孩子:"为什么这么晚了还不想睡觉?"事实上,孩子睡不着,在父母身边滚来滚去,甚至爬到父母身上的行为,隐藏着这样的心理:

> 我害怕得睡不着。虽然妈妈现在在我身边,但是梦里可没有妈妈。睡觉好难,快来帮帮我,让我能好好入睡吧。

如果孩子已经做过噩梦,与其仔细询问他做噩梦的感受,不如帮助他尽快解决这个问题。

"是这样的梦啊。那不是真实的!现实中不会发生那种事的。"

虽然父母想通过尽快转换话题给予孩子安全感，但在孩子经历完噩梦后，最好能就此事与孩子充分地沟通一下，听听孩子的感受。尤其要听一听孩子做了噩梦之后有多恐惧，并给予他安慰。当孩子跟父母讲出自己的噩梦时，会对父母产生信赖，也会更加明白，父母无论何时都会在自己身边。

"在梦里，公寓突然倒塌了，你当时肯定很害怕吧。妈妈也做过类似的噩梦，也会感到恐惧。"

"妈妈小时候听到雷声也会害怕。每次听到雷声，我都会藏进被子里，或者躲进姥姥的怀里。"

## 让孩子睡个好觉的方法

对于担心再次做噩梦而拒绝入睡的孩子，该怎样做才能帮助他呢？

**1. 如果孩子已经到了可以正常沟通的年龄，可以通过对话来了解他喜欢的哄睡方式，并按照他喜欢的方式哄他入眠。**

这样做，有助于让孩子的内心趋于安定。如果孩子的年龄还比较小，可以把平时用过的哄睡方式罗列出来，让他自己选择。如此，孩子便会从中选出自己最想要的哄睡方式。

"爸爸要怎样做，你才能安心地入睡呢？拉着你的手，给你唱摇篮曲？或者给你揉揉腿，拍拍你？"

"一只手拉着我，另一只手拍拍我，然后给我唱摇篮曲吧。"

**2. 向孩子证明，他害怕的东西在现实中是不存在的。**

以我的孩子为例，他最害怕的东西是妖怪，有段时间他坚信家里住着妖怪。

面对睡觉前蒙着被子说害怕的孩子，我对他说："我们来确认一下，看看家里是不是真的有妖怪吧。"然后，我轻轻地抱起他，在家里的各个角落走了一圈，就连门后和衣柜也没有遗漏，让他亲眼看到家里的各个角落都没有妖怪。孩子亲自确认家里确实没有妖怪之后，就会安下心来。

**3. 成为出现在梦中的父母。**

"妈妈，如果我睡着之后做噩梦了怎么办？"

"妈妈不是在你身边嘛。妈妈会进到你的梦里，在你旁边帮你打跑妖怪。"

"妈妈，你不可能进入我的梦里。你怎么能够进入我的大脑里呢？！"

这不愧是老二的回答。在老大小的时候，他很高兴地以为妈妈会进入梦中保护他，于是这个话题很快就过去了。但是老二就不一样了。每个孩子的想法和反应不一定相同，要想办法努力让孩子相信这件事。

"你刚才也看到了吧？家里肯定没有妖怪，但妖怪有可能在梦里出现，对吧？妈妈就在你的身边，只要你在梦里想到我，我就会出现。当你害怕的时候，妈妈会在旁边抱住你，帮你打跑妖怪。"

## 我把自己的书包都收拾好了

### 做好一切准备却仍感到不安的孩子

"我的孩子今年 7 岁了,不管什么事,自己都可以做得很好。我并没有特别要求他什么,但他只靠自己就做得很好。平时上学自己收拾书包,去旅行的时候会把自己的内衣裤和备用衣物准备妥当……很多时候还会对我说,我的事情我自己来做,不用妈妈操心。"

这个年仅 7 岁的孩子,可以自己削好 4 支铅笔放进文具盒,把自己的所有文具贴上姓名贴,并反复确认有无遗漏物品,独立把书包收拾好。如果他的父母没有收拾好东西,反而还有可能会被孩子唠叨一顿。父母觉得孩子能够独立准备好自己的物品是一件很了不起的事。很多孩子收拾书包都要父母一项一项来教,所以,独立能干的孩子在父母眼里是无可挑剔的。这类孩子的父母,是被其他父母争相羡慕的对象,也经常会被追问教育孩子的秘诀。表面上看,他们在养育孩子的过程中一帆风顺,不会有什么烦恼。

在大家眼里,能够仔细收拾东西的孩子,通常学习成绩也很好；而不能整理好物品的孩子，通常学习也不好。但是，学习能力和整理能力是不同领域的两回事。有些毛手毛脚的孩子学习很好，而有些孩子虽然做事认认真真，且能够照顾好自己，但学习能力却不太行。

当然，能够认真为自己的事做充分准备的孩子，符合大家通常认为的好学生的标准——认真学习、按计划完成学习任务。但与其把准备充不充分和学习成绩好坏联系起来考量，不如将其视为性格上的差异。

## 孩子做好充分准备的潜在心理

在生活或者学习方面，有些孩子不仅自己准备充分，就连朋友的准备工作也都一并包揽。如果他自己判断某个东西有可能在学校用得上，就会全部准备上。

"可能会下雨，所以得装把雨伞。不知道会不会用到圆规，得准备上。还得带一块备用橡皮……啊！尺子也得备一把。对了，还得装上彩笔！"

偶尔才用得到的、曾经没带而造成过不便的东西，孩子会更加谨慎地准备齐全。有的孩子甚至会考虑到有朋友会来借东西的情况，因而把东西准备得更加充分。

像这样能够把自己的东西收拾得妥妥帖帖的孩子，内心其实对安全感有很高的需求。

> 我的东西我会亲自确认。这件事,我无法相信任何人,就算是爸爸妈妈也有可能出现疏漏,所以我一定要亲自收拾。如果东西没有收拾好,可能会让课程无法顺利进行,那样的话有可能会被老师批评。

这类孩子不放过任何一件该做的事,一一确认之后才能获得安全感。因此,他们希望亲自做好一切准备,不让自己、老师和同学感到不便与不适。

## 帮助细心的孩子获得安全感的方法

无论遇到什么事,都能提早准备妥当的孩子,无疑是认真细心又能干的孩子。但是,这样的孩子如果没有亲自确认准备事项,就会感到很大的压力。

他们上学之前要把书包里的东西或其他所需物品每小时检查一次,否则就不放心。在学校的时候,一到休息时间他们就要检查一下书包,如果不随时确认一下自己的物品就不安心。

当认真仔细超过一定程度时,大人就需要干预了。具有这类特点的孩子,在外出旅游或参加活动的时候,会把注意力过多地集中在事前准备上,很容易丧失活动过程中的乐趣,并时刻呈现出精神紧绷的状态。

这类孩子为了消除不安感,会重复一些特定的行为。如果发现孩子有频繁洗手、按顺序检查特定部位、总是数数、不停地清理等行为,就有必要格外关注一下了。

养育一个凡事都要准备万全的孩子，让他获得充足的安全感是很重要的。夸赞孩子的准备工作做得好，或是帮助孩子列好清单后一起逐项确认……这些都能让孩子感到安心。另外，父母还可以通过下列做法来帮助这类孩子。

### 1. 一次只给孩子布置一两件事。

想做好一件事时就会紧张，而如果这件事难度太大，又会让他们感到自己能力不足，尤其是那些有着强烈不安感的孩子，这种感受会更加明显。对于每件事，他们都会认认真真去准备、去完成，所以与其给他们布置多项任务，不如先布置一两件事让他们去做。

### 2. 让孩子多复习，少预习。

有计划性的孩子，他们的思维更具逻辑性和体系性，他们往往认真听课，做事一丝不苟，非常擅长整理笔记。比起学习新知识，这类孩子更喜欢复习旧知识。因此，让他们多复习是很有效的方法。

### 3. 与其指责孩子的失误，不如鼓励孩子进行新的尝试。

这类孩子很容易被一个很小的失误打击，如果对他们横加指责的话，会让他们把自己的失误放在心上，久久不能忘怀。他们也许会觉得，与其面临失败，不如干脆不做，或是拒绝做出新的尝试。所以，父母要鼓励这类孩子多参与新的尝试，告诉他即使失败了也没关系。

**4. 给孩子留出足够的时间，等待他调整完毕。**

由于搬家和转学等原因而改换生活环境，花时间适应新环境是再正常不过的事。如果孩子一开始不习惯站在很多人面前的话，最好能帮他事先彩排一下，做好准备。即使孩子不喜欢被人关注，也需要适当锻炼孩子，使他具备一定的自我表现能力，这样才能帮助他更好地表达自己的想法。

## ★ 如何帮助孩子主动完成自己的事 ★

有些孩子已经升入小学了,还无法独立整理好自己的物品,父母往往也会因此训斥孩子。但对那些不记得自己的东西放在哪里的孩子来说,仅靠让他反省或保证不再犯类似的错误,是解决不了根本问题的。试试按照下面五个阶段来推进,帮助孩子循序渐进地养成好习惯吧。

> 第一阶段:先确认整理清单,再整理作业和物品。

要让孩子认识到自己收拾东西的必要性,最好能提前问他几个问题:

"上学不带齐物品为什么不行?"

"如果没带齐物品,到了学校又需要用,此时问同学借的话会怎么样?"

> 第二阶段：规定写作业的时间和收拾书包的时间。

家长与其单方面命令孩子，不如给孩子一个主动思考的机会：

"为什么必须独立整理自己的作业和书包呢？"

> 第三阶段：为待办事项排序并分类。

与其一次性布置多项任务，不如把待办事项按轻重缓急排好序，以便有条不紊地依次进行。

——今天必须做完的事
——可以留出时间分步做的事
——时间充裕，不着急做的事

> 第四阶段：赋予孩子主动做事的动机。

孩子可能并不明白自己的事情自己做的必要性。因此，让孩子认识到这种必要性是第一要务。

"自己无法完成一件事情的时候，可能会发生哪些情况呢？"

"做事的过程中有哪些不便之处呢?"

"这件事会不会给朋友或其他人带来麻烦呢?"

> **第五阶段:如果孩子缺乏主动性,就让他体验一下不方便的感觉。**

有的父母不放心,会不由自主地打开孩子的书包帮他检查物品,但这对孩子的成长是没有任何帮助的。孩子没有做好准备而导致的问题和后果,父母要让孩子自己来承担。

根据皮亚杰认知发展理论,当孩子的认知发育到形式运算阶段,即孩子长到 11 岁时,已经具备以逻辑思维为基础系统地解决问题的能力。这意味着孩子到了小学四五年级左右,是有能力自己整理物品的。这一系列的能力就叫作执行能力。

当然,并不是说孩子在四年级之前什么也不能做。父母应当就自己准备物品这件事,帮助孩子掌握制订计划并逐项完成任务的方法。

不能因为孩子收拾不好自己的东西就责怪孩子,也没必要因为自己没有尽到做父母的责任而自责。父母要充当在旁协助的角色,引导孩子从小事做起,从当下开始一点一点地训练孩子。孩子越小,犯错就越容易被理解和原谅,因而所犯的错误也越容易被忽略。但如果错误被一再重复,一直到孩子长大以后仍在继续的话,持续的批评就会对孩子在学龄期的自尊心和成就感造成负面影响。父母要让孩子在小时候就拥有改正错误、克服困难的经验。父母在这个过程中不要吝啬夸奖和鼓励,要扮演好帮助孩子独立解决问题的角色。

下面是几个能够帮助孩子主动完成自己事情的方法：

| | |
|---|---|
| 让孩子做力所能及的家务，培养他们的责任感。 | 让孩子整理床铺，分类处理垃圾，收拾乱糟糟的玩具。 |
| 引导孩子自主学习。 | 让孩子学着制作清单，逐项确认该做的事情和该准备的东西。 |
| 督促孩子系统地、反复地执行某件事。 | 想要让孩子熟练地掌握一项技能，就不要一次性给他布置多项任务。可以给他规定每周或每月要做一次的事，让孩子反复地去做。 |

倘若事情发展得没有计划中顺利，这是很正常的。因为孩子还处在训练的过程中。如果此时训斥孩子的话，孩子会难过地认为"我为什么是这样的？"，自尊心就会受到打击。因此，最好参考下列方式和孩子进行沟通：

"谁都不是天生就能做好所有事的。不会做或第一次做不好的事情，经过多次努力一定会完成得越来越好。即使是一开始不擅长的事，经过坚持不懈的反复练习，也可能会成为你最擅长的事情呢。"

"本来就不是一开始就能做好的。每长一岁就会有新的技能要练习，需要自己独立完成的事情会越来越多，所以需要练习和掌握的东西也越来越多。不如就把现在要做的事，当成一次很好的锻炼机会，来练习一下怎样完成吧。"

# 如果交不到朋友怎么办？
## ——面对新环境感到焦虑的孩子

"我家孩子上幼儿园花了不少时间适应，到了小学入学前又开始在睡前不断地问：学校是不是一个好地方？老师是什么样的人？如果交不到朋友该怎么办……甚至很多时候因为这些问题而睡不着觉，或是在凌晨早早醒来。到底怎么做才能帮助他更好地适应小学生活呢？不知道他是不是想起了适应幼儿园时的心情，现在比那时更加苦恼和不安。"

在适应新环境时，虽然在一定程度上存在个体差异，但大部分孩子都是会产生压力的。关于交朋友的担忧，无论是父母还是孩子都会有。在陌生的空间里，面对陌生的规则和至少20个陌生的人，人们往往会既兴奋又紧张。

面对周遭环境的变化，比如和好朋友分离，即将去新环境认识新同学，的确会让孩子产生压力。对认生比较严重的孩子来说，如何跟同龄人建立关系是一个巨大的挑战，和父母分开也会令其感到很不安。进入新学期，有很多孩子无法找到志同道合的朋友，因而内心备受煎熬。如果找不到合得来的朋友，吃饭或完成小组作业都会变得困难。所以,孩子才会向父母反复提出"自己交不到朋友该怎么办"的问题。

## 孩子面对陌生环境产生担忧的潜在心理

孩子担心自己交不到朋友,可能有各种各样的原因。我们把这些原因大致分为三种:

第一种,孩子想把一切事情都做好。
第二种,孩子性格内向,严重认生。
第三种,孩子从前在与同龄人的社交关系中有过不好的回忆。

基于这些原因,孩子不仅会产生不安、紧张、害怕和郁闷等情绪,甚至会出现头痛、肚子痛等生理上的症状。

要听老师的话,要和同学们友好相处……当有强烈的意愿想要做好每件事的时候,孩子就会因为担心做不好而焦虑。他们在新的环境中察言观色,可能会紧张得头疼、肚子疼。他们也可能会因为害怕上学而不自觉地流下眼泪,对上学产生厌恶的心理。

## 帮助孩子尽快适应新环境的方法

如果只是给孩子加油打气,对他说"别担心,会交到朋友的"这样的话,对于消除孩子的焦虑、令孩子放松,并没有太明显的效果。我们需要为孩子提供一些更加细致而具体的帮助。

**1. 越是焦虑不安的孩子，越要提前练习适应。**

和孩子一起养成早睡早起的良好作息习惯，安排好早上洗漱和吃早饭的时间，以便能准时到校。如果可以的话，带孩子提前看一下教室、操场等即将去的新环境，这有助于孩子进入校园后尽快适应学校的日常生活。如果不方便提前到现场参观的话，通过社交媒体平台浏览一下新环境的图片或视频也是很好的。

**2. 聊一些能够唤起美好回忆的话题，减轻孩子的紧张感。**

孩子会因和父母分开而感到焦虑不安，这是非常正常的事。就像上幼儿园时一样，一旦适应之后，孩子的分离焦虑自然就消失了。为此，不妨来问问孩子以下几个问题：

"在幼儿园和老师、同学玩过的游戏中，印象最深、最喜欢的是哪一个？"
"想象一下，在学校里会遇到什么样的老师和同学呢？"
"在学校里，最想做的事情是什么呢？"
"在学校里，是否遇到过什么不开心的事？"
"有没有让你担心的事呢？如果发生了你会怎么做呢？"
"如果你想上洗手间，会怎么办呢？"

要让孩子对学校有一个好印象，那就是学校是一个既快乐又有趣的地方，这是非常重要的。父母一定要对孩子说温暖人心的话语，表现出细致的关怀。如果孩子在上学第一天能拥有一段美好的体验，那么他的紧张感会大幅降低。为了让孩子在新学期开始的前两周尽快适应新环境、新生活，父母要多问一些跟学校生活有关的问题。同时，还要告诉孩子，父母无时无刻不在关心他。

### 3. 观察孩子的适应过程。

如果孩子焦虑和认生的情况较为严重，一定要细心观察他的适应过程，了解他难以适应的原因，从而找到解决的方法。有些孩子一紧张就频繁去洗手间，如果孩子有这种情况，最好提前跟班主任说明一下。

下面是孩子在适应期感到不安的一些表现。父母最好能够率先捕捉到孩子释放的信号，进而体谅孩子的心情。

> □ 头痛或肚子痛，心情郁闷，情绪低落。
> □ 不好好吃饭，没有缘由地烦躁。
> □ 睡不好觉。
> □ 少言寡语，容易疲倦。
> □ 不想去上学。
> □ 经常上洗手间，或便秘严重。

### 4. 倾听孩子的烦恼并进行沟通。

"会遇到什么样的老师呢？老师会很凶吗？会遇到什么样的同学呢？好朋友会和我分在一个班吗？如果交不到好朋友该怎么办呢？"孩子有很多不知道怎么说出口的烦恼。

对一个难以适应学校生活的孩子提出像"不要把精力放到无

关的事上"或"只要好好学习,其他都不是问题"这样的要求,只会让孩子认为父母并没有站在自己的立场上考虑问题,自己是不被理解的。相反,哪怕只有一个理解自己、鼓励自己、安慰自己的人,孩子就能生出战胜困难的勇气。

有些父母基于自己学生时代的愉快体验,满不在乎地反问孩子:"学校是多么有趣的地方,你这是怎么了?"对严重不安且焦虑的孩子来说,这样的问题起不到丝毫的积极作用。

父母必须向孩子说明,人在面对新环境时感到害怕,或是和陌生人接触时感到紧张,是非常正常的。此外,父母还可以告诉孩子,自己小时候面对新环境时也会紧张,或是初入职场时也会感到惴惴不安。这样做有助于和孩子拉近距离,产生共鸣。对在新环境中感到不安的孩子来说,最好的解决之策就是想办法把这份不安说出来,把自己的心情袒露出来。

"没错,是会有点紧张的。爸爸每到一个新地方去的时候也会有点紧张。你紧张时会有什么表现?爸爸紧张时脖子会有些僵硬。"

"我的腿会有点发抖。"

"这样也是正常的。那你有什么办法可以帮助自己缓解紧张吗?"

读懂孩子的想法,告诉孩子紧张是很正常的事情,其他人也会有这样的表现。当孩子明白并不是只有自己才这样时,就会放下心来,紧张感也会随之缓解。然后,再鼓励孩子摸索对自己行之有效的消除紧张的方法。

哪怕只是坐下来，面对面地听孩子倾诉，也能帮孩子在很大程度上缓解不安。为了削弱孩子的紧张感，可以和孩子一起进行呼吸练习，帮助他镇静下来。

试试看吧！和孩子手拉手，深呼吸 10 次。

## 这样做可以吗？这个能吃吗？我可以玩一会儿吗？

### 反复征求许可的孩子

"我可以去趟厕所吗？"
"我能吃那个零食吗？"
"我能玩一会儿吗？"

有些孩子做任何事情之前都要先征求许可。面对这样的孩子，父母一开始还会好好回答，但从某个瞬间开始，面对孩子频繁地征询，便可能会不自觉地蹦出这样的回答：

"你自己看着办吧。"
"不要问，你想怎么做就怎么做！"
"你为什么总问这些没有意义的话？直接去做就行了。"

日常生活中反复征询许可的孩子，在没有得到父母允许的情况下，通常很难做出选择和决定，他们对父母非常依赖。孩子在小学低年级时，因想反复确认而提出的问题，一般会得到父母耐心的回答。而我们所讨论的情况是，孩子在已经升入小学高年级，甚至成为中学生后，除征询许可的内容发生改变之外，不变的是他依然无法做出选择或决定，于是便接二连三地抛出问题。另外，随着长大，他征询的对象也变多了。除父母、老师和朋友外，还会在网络上征询，等待来自陌生人的答复。

孩子听到父母说"你自己看着办"时，会感到更加不安，这种不安会令他们重复提问。如果父母对孩子的回应没有反应，那么孩子就会继续提问，直到听到回答为止。只有当听到父母其中一个人回答"好的"时，孩子才会去行动。

喜欢通过提问反复征询许可的孩子，看似无法自己做出选择或决定，事实上，大多数孩子在征询时心中已有答案。他们征询的目的，只是想确认别人的想法，保证自己能够不出错地去做某件事。仔细观察会发现，孩子能够自主做好的事情其实有很多：自己制订任务清单推进学习计划；不靠其他人帮忙，独立收拾东西；等等。

身边有些朋友会问：是不是自己在养育孩子的过程中，对其保护过度了，是不是自己对孩子干涉过多，才导致其自主性差？事实上，在反复征询许可这个问题上，孩子自身的性格因素占了很大一部分原因。即使父母没有过度保护或要求孩子取得许可后才能做事，孩子出于诚实的性格、对安全性要求较高的心理需求，也会这样做。

## 孩子喜欢反复征询许可的潜在心理

站在父母的角度来看，孩子征询许可的只是些不值一提的小事，但孩子为什么在做每件事之前都要不停地征询许可，直至取得许可呢？

其实，孩子这么做是为了减轻自己的不安，希望能在行动或做决定之前获得安全感。还有一种常见的情况是，孩子把想要确认或得到许可的这个问题本身，当作自己和父母对话的契机和巩固关系的纽带。

因此，把孩子反复征询许可的潜在原因分门别类，是很有帮助的。

有些孩子把征询许可当作一种沟通方式。

> 我想和妈妈说话。不是因为我不知道自己该做什么，而是因为我想和妈妈一边聊天，一边一起做一件事才提问的。

这类孩子事实上完全可以独自上厕所、吃零食，或是决定自己怎么玩。所以，此时父母要捕捉到孩子想和自己聊天这一真实的意图。

也有些孩子是真的担心会出问题，所以才反复征询许可。

> 如果不问一下爸爸，按自己的想法去做，万一出了问题可怎么办啊？我真的不知道什么时候该取得许可，什么时候该自己做决定。

这类孩子希望在父母面前呈现好的一面，所以才会接二连三地征询许可。他们认为，只有这样做，父母和自己的内心才都能得到安定。

## 帮助孩子自己做出选择的方法

被孩子反复征询许可搞得心烦意乱时,父母通常会对孩子说:"你为什么问这个问题?自己看着办不就行了?"当父母的教育没有保持一贯性时,又会在某件事上责备孩子:"为什么擅作主张,不事先问一下?"

对孩子来说,到底哪些问题要取得许可,哪些问题可以自己做决定,这之间的界限是非常模糊的。在不明界限的情况下训斥孩子,会让孩子感到惊慌失措。当孩子问了不需要问就能做决定的事情时,亲切耐心地回答他即可。告诉孩子哪些事是他自己能做决定的,就能让孩子产生安全感。具体怎么做,可以参考下面的方式和孩子对话。

"快去吧!以后上厕所的问题,你自己决定就可以。"

根据情况,下列方法也可以选用。

**1. 反过来向孩子提问。**

"你觉得怎么做比较好?"
"你想吃什么零食?"
"你想玩什么游戏?"

如果孩子怀着想和父母对话的意图,提出很多问题,父母与其简短地回答他"好的",不如也向他提出一些问题。这样不仅能满足孩子想和父母聊天的欲望,同时能让孩子掌握选择权和决定权。

**2. 巧用思维导图。**

当孩子出于不安而多次提问时,可以让他试着制作一张思维导图,一边做一边和他聊天。如果孩子已经认字了,就可以用文字来制作;如果孩子还不认字,可以用简笔画来制作,这样更加直观。

把父母和孩子想要一起确认的事项,还有关于选择的烦恼和担忧都写在纸上。这样就可以直观地分析出孩子烦恼或担心的根源是什么,烦恼的事情实际发生的概率有多大,可能导致的结果有哪些。在这个过程中,随着父母和孩子的对话,孩子的不安感会逐渐降低。

**3. 信任孩子。**

向父母反复确认的孩子,大体上是想以诚实的面貌向父母表示信任,所以父母也应当给予孩子同等的信任,激励他,充分支持他的选择。父母对孩子的选择表示信任,孩子才能建立起独立自主的信心,减轻焦虑,获得安全感。

多对孩子说说下面这些话吧!

"不管你做什么决定,妈妈都相信你的选择。"

你觉得做什么比较好？和弟弟玩跷跷板,好不好?

我想玩拼图。

# 你上次说要给我买玩具，到底什么时候买？

## 看重承诺的孩子

"爸爸，你忘记给我买玩具了吗？什么时候买？你上次不是答应过我说要买的吗？"

"爸爸说的是，如果你好好吃饭、好好刷牙、按时睡觉，就给你买。如果你没有遵守约定，爸爸就不会给你买玩具。"

咨询谈话结束后，5岁的孩子走向休息室，向爸爸这样问道。原来，他的爸爸曾在几周前说好要给他买玩具，来到咨询中心这天，孩子突然想起了这件事。

父母遵守承诺、言传身教是十分重要的。但必须遵守父母制定的规则才能得到玩具这种带有附加条件的承诺，孩子遵守它的可能性有多大呢？

在我们探究看重承诺的孩子的心理之前，先来探一探许下承诺的父母的心理吧！大部分父母会经常这样承诺孩子，即要求他们必须做到某件事，如果做到了就给他一个物质奖励。

把饭都吃完，和弟弟不打架，把玩具整理好，现在就关掉游戏，把作业都做完……通常，父母在做承诺时会附加很多条件。孩子只有在满足所有条件时才能得到父母承诺的奖励。这样的父母有必要审视一下自身：这么做是不是在借承诺趁机控制孩子？请坦白地回答：是不是为了让孩子按照自己的意愿行动，才打着承诺的幌子向孩子提出条件？

## 孩子看重承诺的潜在心理

遗憾的是，父母提出附加条件的承诺大多是不容易兑现的。当父母违背承诺时，总会说："我跟你约好了，是你没有遵守。"

听到父母的反复指责，孩子会认为自己是一个"一事无成的人"。

于是，孩子就会闭上嘴巴，锁上心门。

> 这是我努力了也没做到的事。我是想遵守承诺的，但是我没做到。这太难了。现在就算爸爸说给我买，我也不会再指望他了。

父母附有条件的承诺会让孩子经受挫折。虽然这不是父母的本意，但孩子的成就感和满足感的确会因此而减弱。

## 和孩子做约定的方法

希望或不希望孩子做某事时，比起利用承诺，更好的做法是：明确地告诉他，必须做什么事，不能做什么事。

如果有承诺在先的话,父母通常会说:"上次我们不是约好了不再和弟弟打架吗?那你这次为什么又因为玩具和弟弟打架呢?"以此来强调孩子没有遵守承诺这件事。但如果想让孩子做到不再推搡打架,这样说更为恰当:

"就算你很生气也不能推弟弟或打弟弟,心情不好要用嘴巴说出来。如果你们继续这样推搡的话,今天就没法在一起玩了,只能下次再一起玩了。"

如果想和孩子建立更好的关系,该用什么方式和他做约定呢?可以试试下面三个巧用奖励做约定的方法。

**1. 奖励的目的并不是奖品本身,而是更好地促进孩子的成长。**

父母要判断一下,允诺的奖励到底是为了更方便地控制孩子,还是真的对孩子本身有益。奖励的目的,决定了这是不是一个正向的奖励。让孩子按照父母的意图去行动的奖励,无非是方便父母控制孩子的一个手段而已。可以说,这种奖励不如不给。

正向的奖励必须能让孩子在学会遵守承诺的同时,还能培养孩子的自尊心和责任感。给孩子的行为赋予动机,并让孩子从中收获成就感和满足感,这对孩子的心理发展有着积极的作用。奖励特别适用于培养孩子的责任感。

当孩子成功地做到洗手、刷牙等事情的时候,父母如果能够给予他适当的奖励,就有助于培养孩子健康的心理。

**2. 比起物质性奖励，最好给予孩子社交性奖励。**

与其送给孩子像玩具这样的物质性奖励，不如给予他以沟通和行动为主的社交性奖励。问问孩子想和家人或朋友一起做什么事情，然后给予他具有社交互动性的奖励吧。社交性奖励包括：去公园散步，和爸爸或妈妈单独去做某事，去书店买书，和朋友去儿童游乐场或者动物园，和朋友一起进行户外游戏、玩桌游、游泳、看漫画书等。总之，社交性奖励包含各种丰富多彩的活动。

"你希望和爸爸一起做些什么呢？"
"你想和朋友一起玩什么呢？"

像上面这样询问孩子，然后承诺给孩子想要的社交性奖励吧。

**3. 奖励须在一定期限内如约履行。**

如果给孩子设定了目标、承诺了奖励事项，那么父母和孩子都要遵守约定。这时，父母要为兑现奖励设定一个期限。这样，孩子才会更有动力遵守父母和自己的约定，并从中获得满足感。

当孩子没有遵守约定时，父母如果出于"做到这个程度就行了"或是"下次再努力"这样的想法，依然给予孩子奖励，随之便会产生副作用——孩子以后不会再拼尽全力去实现目标。这种情况下，给予奖励不如给予鼓励。

无论何时，父母以身作则、遵守约定都是最重要的。所谓"约定"，说的不是眼前的事，而是今后的事。因此，"以后""下次""下周"这样的词汇会给执行带来困难。如果父母随意做出约定，万一遇到很忙或有急事需要处理的情况，很容易站在自己的立场上以各种借口为自己无法兑现承诺进行开脱，给孩子做出不良示范。若只命令孩子遵守约定，对他说"现在是玩的时候吗？""没看见爸爸妈妈在忙吗？""你不遵守约定，只记得这些有的没的"之类的话，只会让彼此怨气丛生。

当孩子为了买玩具而要性子时，父母如果为了快速结束这样的情况而答应孩子的要求，将对孩子非常不利。因为无意义的承诺容易被忘记，也更容易造成失约。孩子看到父母忘记了对自己的承诺，便会失去对父母的信任。

如果确实忘记了对孩子的承诺，不要试图回避，而要真诚地向孩子道歉。因为在亲子关系中，信任是最重要的事。

"对不起，是爸爸忘记了。真的对不起。"

父母对孩子遵守承诺，至少会产生以下3个方面的积极影响。

**1. 帮助孩子树立信守承诺的价值观。**

关于信守承诺的重要性，父母与其用嘴来讲，不如以身作则用实际行动来展现。这样，孩子就能够直观地感受到："啊，信守承诺原来这么重要啊！"这种强烈的记忆会对孩子价值观的形成产生重要影响。

**2. 让孩子保持情绪稳定。**

孩子能够从父母信守承诺的态度中获取稳定的情绪，也能以积极的眼光看待他人。这会使孩子在各种人际关系中减轻不安感。因为孩子从珍视的人身上得到了珍贵的关怀,这会让他们觉得自己也很珍贵。

### 3. 与父母建立信任关系。

建立在信任基础上的关系,对处在青春期的孩子而言,尤为重要。即使父母和孩子在方方面面都有可能发生碰撞,即使彼此总是意见不合,彼此长久建立起来的信任也不会在一瞬间崩塌。同样的,信任的建立也非一日之功。信任是在父母和孩子双方都为了信守承诺而努力的过程中一点点建立起来的,它会成为今后建立一切良性关系的基础。

这是什么?
那又是什么?
为什么会这样呢?

第二章

# 针对使用探索型语言的儿童

## 提高解决问题能力的创造式倾听法

稚嫩的话语中，隐藏着孩子真实的内心：

"我只是想确认一下我了解的对不对。"

"如果我提问的话，妈妈就会注视我，亲切地回答我，那样真是太好了。"

"当我提问的时候，爸爸妈妈给我的答案是最好的。"

即使只有几步路的距离,孩子也会说:"我们一边猜谜一边走路吧!"有时,孩子这样的要求会让父母略感烦躁。

"你知道这是什么吗?""这是什么?""为什么是这样的?"孩子接二连三的提问,有时会让父母感到措手不及。

比起和朋友一起玩,有的孩子更愿意沉浸在自己的世界里,他们会说:"我想自己玩。"有的孩子始终跟陌生人保持着距离,羞于交际,他们会说:"我不想跟陌生人打招呼。"这些孩子有时会令父母感到担心。

喜欢观察周围的事物、对未知的一切提出问题的孩子,通常拥有强烈的求知欲。这类孩子为了更深入地了解自己好奇的事物,会主动搜集信息或阅读相关主题的书籍。他们在学习时专注力很强,并且能够有逻辑地将自己的想法表达出来。

这类孩子比一般人更加关注身边的事物。玩游戏的时候,比起团队协作类游戏,他们更喜欢能够满足好奇心的益智类游戏。

他们在社交时不属于主动的一方，所以在交朋友的事情上多少有些不擅长。比起和朋友们在一起，他们更喜欢独自沉浸在自己的兴趣中。

这类孩子虽然朋友不多，但只要交到一个志趣相投的朋友，就会与其结下深厚的友谊。只是由于不善言辞，社交能力多少有些不足，孩子会对此感到一些压力。积累与更多朋友相处的经验会对他们有所帮助。升入小学高年级后，通过加入社团结交更多志同道合的朋友也是个不错的方法。

父母通过几个问题就可以确认孩子使用的探索型语言是什么。不妨直接问问孩子，愿意使用什么样的探索型语言来对话吧。

- ·你经常在想什么？
- ·你最好奇、最想了解的东西是什么？
- ·你觉得哪一类书有意思？
- ·如果用 1~10 分来给自己的好奇程度打分，你能打几分？

为了获取新知识而做出的所有科学思考的过程就叫探索。每个孩子都会通过主动探索来满足好奇心。他们从周边环境中学习知识，通过一些具体的经验获得信息，同时培养自己独立解决问题的能力。韩国在针对学龄前儿童所设置的国家级通用课程《Nuri 课程[①]》中，也包含了"科学探究"的内容。让孩子对周围环境和自然葆有好奇心，独立运用各种方法进行探索，和他人进行不

---

① 编者注：顺应韩国社会要求保教一体化、提高早期教育质量的要求，韩国教育科学技术部、保健福祉部在 2011 年 9 月制定的针对 3~5 岁幼儿的保教一体化课程。

同意见的交流,是非常重要的。

2~6岁的孩子会通过频繁地提问来填补好奇心。发展心理学家把孩子不断提问的这一时期称为"潮湿的水泥期"。孩子发起提问是为了主动对周边进行探索,满足自己的好奇心和求知欲。

著名发展心理学家让·皮亚杰(Jean Piaget)认为,孩子在接触陌生事物或陌生环境时,会与环境产生相互作用,在适应环境的过程中不断同化或顺应[1]。若孩子在认识新事物的过程中产生了与现有认知不平衡的情况,就会产生好奇心,从而提出问题。皮亚杰还强调了孩子的思考和语言之间的关联,他指出孩子主动提出的问题是我们了解孩子逻辑思维的主要媒介。

孩子的问题不仅能够体现出孩子的兴趣和好奇心,还能反映出孩子当下正在面对的困难。因此,孩子提出的问题是父母了解孩子内心、给孩子提供帮助的向导。此外,孩子通过提问还可以提高语言能力、认知能力、解决问题能力,培养创造力,并且这对拓展认知和管理情绪大有益处。

但有的父母面对孩子的问题,总是表现出不耐烦、不愿意回应或是敷衍搪塞的态度。当孩子频繁提问时,原本愿意一一回答的父母也可能会突然"刹车",告诉孩子:"行了,别问了。"父母用来命令指示孩子的话很多,但倾听并回应孩子时,言语上却

---

[1] 译者注:人类认识事物的基本模式被称为"图式"。皮亚杰认为,同化是主体把客体纳入自己的图式中,引起图式的量变。顺应是主体改造已有的图式以适应新的情境,引起图式的质变。同化与顺应是适应环境的两种机能。儿童遇到新事物,在认识过程中总是试图用原有图式去同化,如果成功就能得到暂时的认知上的平衡。反之,儿童会选择顺应,调整原有图式或创立新图式去接受新事物,直至达到认知上新的平衡。

往往有些吝啬。

孩子提问的瞬间是学习的最佳时机，对其问题给予恰当的回应是施教的最佳手段。如果父母对孩子的问题表现出兴趣，并且真诚地做出回应，那么孩子就会带着兴趣主动投入学习。父母鼓励孩子提问，并积极地回应，其重要性不言而喻。

孩子的问题大致围绕着日常生活、日常用品、机械产品、文字词汇、数字、自然现象和生物这几类话题。特别是他们对动物比对植物更好奇，对动态事物比对静态事物的兴趣更浓厚。所以，很多孩子会对动物的名称、食性、行为习惯和外形特征非常感兴趣。

| 孩子的提问范围 | 孩子的提问主题 |
| --- | --- |
| 日常生活 | 性别、身体构造、生活习惯等 |
| 日常用品 | 文具、服装、食品、饮品等 |
| 机械产品 | 电视、电话、钟表、宇宙飞船等机械 |
| 文字词汇 | 文字、词语、典故等 |
| 数字 | 时间、钱、各种东西的数量和尺寸等 |
| 自然现象 | 气象、地球和宇宙、物理现象、化学现象等 |
| 生物 | 动物和植物的相关问题 |

喜欢使用探索型语言的儿童在获取新知识时的感受是十分愉快的。他们对世界充满好奇，对自己想要了解的事物坚持不懈地提问和追求答案。对世界知之甚少的婴幼儿期，是孩子对自然世界和物理世界发生的一切感到陌生和惊讶，从而频繁提问的时期。父母理解孩子所使用的探索型语言，了解他们的内心世界，是应对今后孩子出现的各种状况的基础。

# 我们一边猜谜，一边走路吧！
## 想猜中答案的孩子

去幼儿园的路上，孩子说："我们一边猜谜，一边走路吧！"
"妈妈，来猜谜吧。猜猜看这是什么东西，它有四条腿，小尾巴上有条纹。"
"嗯，花栗鼠。"
"妈妈，请再给我出一百道题吧！"

在走路的时候回答各种各样的问题，这会让孩子感到非常兴奋。有些孩子甚至在睡前也想玩一会儿猜谜游戏。婴幼儿期的孩子非常喜欢猜父母给自己出的谜题。即使上了小学，他们也非常喜欢用猜谜的方式学习俗语或成语。比起老老实实地做习题集，像猜谜一样解题更能使他们集中注意力。

实际上，猜谜这件事不仅孩子喜欢，就连大人也很喜欢。在成人电视节目中，竞猜类节目的人气很高。

猜谜游戏从孩子牙牙学语、开始认识事物时就可以进行了。孩子问"这是什么呀？"的时候，往往是在积累新的知识。父母也可以反问他"这是什么？"，以此来确认孩子是否已经掌握这些知识。

通常，在孩子 3~4 岁时，父母可以和他玩关于动物和其他各种事物的猜谜游戏，5~7 岁时，可以玩五题连问游戏，7 岁以上则可以玩各种拼音游戏，这些游戏都有助于孩子的语言和认知能力的发展。孩子到了小学阶段，通常会喜欢猜谜语或玩脑筋急转弯，并开始关注与抽象概念有关的问题。

## 孩子想猜中答案的潜在心理

人都会对新的问题产生兴趣，并产生解决该问题的欲望。在这个过程中，个人的推理能力和解决问题的能力都会得到提高。每当问题被解决时，孩子就会更有信心，同时也会获得挑战新课题的动力。如果想提高孩子解决问题的能力，那么最好从孩子小时候开始就帮助他养成带着好奇心去观察自然的习惯。

喜欢让父母给自己出题的孩子，对这种互动是非常乐在其中的。

> 妈妈，你看我多棒呀！我可以猜对这么多题。我真的很厉害，对吗？

猜中问题的答案时，父母给予孩子的正面反馈会让孩子更加愉悦、更有成就感，同时也会增强孩子的自信心。

"叮咚！答对啦。你连这个都知道啊？太酷了！你是怎么知道的？是从哪里学到的？"

于是，孩子会开心地说："妈妈，请再给我出一百道题吧！"

## 巧妙出题的方法

父母不要不管三七二十一地对孩子的提问感到厌烦，要试着想一些能够巧妙、适当地利用提问帮助孩子成长的方法。巧妙地提问，不仅能够提高孩子解决问题的能力，还能够帮助孩子和父母建立良好的亲子关系。

**1. 答题比填鸭式教育更有创意。**

英国牛津大学和剑桥大学在选拔新生时，总会问些天马行空的问题。从现实中的问题到哲学问题，甚至是非常抽象的问题在面试中都有可能出现。最终，能够获得入学资格的是那些利用自己的知识储备做出创意性回答的学生，而不是靠背诵熟练掌握课本知识的学生。创造性思维不是靠死记硬背产生的，而是在我们用创新的思维方式反复思考和作答的过程中诞生的。

其实，在学习书本知识的过程中，也可以利用问答题、抢答题或 20 题连问等多种提问形式来提升学习效果。不仅仅在学习上，在日常和孩子的沟通中，答题也是很好的交流方式。比如，可以在和孩子聊天时问问他："如果你和朋友玩的时候因为某件事感到伤心难过，你会怎么安慰自己呢？"然后，父母和孩子可以各自谈论自己可能选择的方式，这样就会了解彼此是以何种方式来解决问题的。

出题和答题的过程也是增进父母和孩子相互了解的好机会。可以通过这样的问题来调整家庭成员之间的沟通方式：

"妈妈最爱说的话是什么？"

"我们家每个人生气的时候分别会干什么？"

**2. 创造力和解决问题能力是在自主提问中产生的。**

创造力该如何培养呢？韩国科学技术院生物与脑工程学的李光亨教授认为，创造力是在独自提出问题的过程中产生的。所谓"创造力"，是在想法和行动上有别于一般人的能力。虽然很多人认为创造力是天生的，是无法通过后天培养的，但实际上这完全是因为不了解创造力产生的原理而造成的误解。创造力不是凭空想象出来的，而是在不断应用的过程中产生的。就如同想要踢好足球，就必须训练跑步、带球、传球和射门一样，创造力也是通过多读书、多思考、多提问而训练出来的。

如果不接触新环境，总是重复做同一件事的话，人就容易陷入一种胶着的状态。试想，如果每天都是由老师来教，学生机械地跟着学，长此以往，这个学习模式就会固化，从而抑制创造力的发展。与此相反，新环境会刺激学生的大脑。在课堂上鼓励学生对好奇的东西积极提问，是培养创造力和解决问题能力的重要方式。孩子应当学会独立思考和发挥创造力解决问题的方法。

**3. 读书或欣赏画作时也可以巧妙出题。**

和孩子一起读书时常常会开展读后讨论，这时与其想各种各样的互动活动，不如问孩子几个问题。即使只是简单地围绕主人公的姓名和故事情节等方面进行提问，也有助于孩子在下次阅读时更好地集中注意力。

这时，最好不要选择有固定答案的问题进行提问，要尽可能地提出一些开放性问题，能够让孩子在回答的时候充分发挥想象力。单纯为了确认某个知识点或者某种信息而提出的问题，对于提升孩子解决问题的能力毫无帮助。因此，给孩子读童话书时，可以在读到某一页时暂时把书合上，问他："你觉得后面会发生什么事呢？"诸如此类的问题有助于孩子发挥想象力，进而提高独立解决问题的能力。

然后，重新打开书继续刚才的内容，和孩子一起看看书中的故事是如何发展的。这样，孩子会带着更高的专注度和更浓厚的兴趣，认真聆听自己所预测的内容和书中的内容是否一致。等故事全部讲完后，引导孩子想象故事的后续发展，或是问问孩子："如果你是故事主人公，遇到这样的状况时会怎么做呢？"当然，由孩子提问、父母来回答也是不错的方式。

看电影或在展会上欣赏作品时，也可以巧妙地提出问题，并将问题延伸开来讨论，比如，我们可以像这样来提出问题、引发猜想、展开对话：

"这个人为什么独自待在这里呢？"

"这是通往哪里的路？"

"这个人现在是什么心情呢？"

"这是哪个时代的画？"

"为什么动物都藏起来了？"

等孩子到了小学高年级阶段，可以引导孩子将话题拓展至作者信息、时代背景、所属国家等方面进行谈论。

## ★ 如何提高孩子解决问题的能力 ★

> 1. 比起回答孩子的问题，更好的做法是把问题递给孩子。

下面介绍几种可以提高孩子观察力、语言表达能力、逻辑思考能力和创造力的提问方法。

"爸爸，这是什么？"
"这是迎春花。"

当孩子向你提问时，不要像这样直接把答案告诉他，然后结束对话。最好不要着急回答孩子，而要反问他："它长什么样子啊？它的花是什么颜色啊？它叫什么名字比较好呢？要不然我们给它起一个名字吧？"像这样把问题再抛给孩子，引导孩子对提问对象做出更进一步的观察和研究之后，再一起给花起个名字。

"是黄色的小花，像小鸡羽毛一样的花。"

"嗯，我们叫它'小鸡花'，好不好？大家一般把它叫作'迎春花'。"

"为什么？"

"因为它在百花中开花最早，它的花期过后，就迎来了百花开放的春天，所以它叫'迎春花'。"

一般情况下，这个年龄段的孩子没有必要接触专业的学术知识。但是，如果孩子出于好奇想要打破砂锅问到底，那么父母可以搜集更多信息，比如花名的来源等相关资料作为补充知识讲给孩子听。

2."这是什么？"

走在路上看到某个东西的时候，不要直接告诉孩子"这是杜鹃花""这是喇叭花""这是向日葵"，最好能对孩子提问："这是什么？"因为这样可以激发孩子的好奇心。

3."为什么会这样呢？"

如果孩子针对某些事情或问题反复追问"为什么"，那么他在独立解决问题时也会养成问自己"为什么"并积极寻求答案的习惯。如果孩子无法轻易得到答案的话，不要马上告诉他答案，最好留点时间给他独立思考，这将成为提升他解决问题能力的重要契机。

### 4．"你觉得呢？""你是怎么想的？"

在被问到有关想法和意见的问题时，孩子会学着整理自己的思绪。多问孩子一些这样的问题，在某个瞬间孩子可能会反问："妈妈，你是怎么想的？"长此以往，孩子自然而然地就能够欣然接受别人有可能与自己观点不同的事实。在这个过程中，孩子的思考能力会提高，逻辑沟通能力也会增强。

### 5．"怎么办比较好呢？"

"爸爸怎么帮助你会比较好呢？""你希望我怎么做？"通过这样的提问培养孩子的自律性。

"爸爸，让我玩游戏吧。"
"作业都做完了吗？"
"没有。"
"作业还没做完，你觉得怎么办比较好呢？"
"我只玩30分钟就去做作业，怎么样？"

这时可以用这样的方式回答孩子："玩30分钟，够不够？""先做作业，然后再去玩30分钟怎么样？"我们要给孩子一个机会，让他为自己的选择负责。

# 你知道这是什么吗？

## 喜欢炫耀知识的孩子

"妈妈，你知道这是什么吗？"

很多孩子都喜欢玩卡牌游戏。其中，有一种叫"神奇宝贝"的卡牌游戏算得上是他们的最爱。"神奇宝贝"中的角色名称复杂又稀奇，身为父母，就算想和孩子一起玩，往往也因为记不住角色名称而很难真正参与进去。

孩子们喜欢一边展示卡片，一边向父母发起提问。每每这个时候，父母虽然绞尽脑汁想答上来，但并不容易做到。就算是把印着各个角色信息的图鉴买来看，最终结果也只是增加了孩子对神奇宝贝的了解。

和孩子玩角色扮演游戏时，大多数父母实在很难记住那些复杂的角色名称和角色特点，因此会觉得索然无趣。但孩子提到这些角色的名称和超能力时，简直如数家珍，越说越兴奋。此时，父母想要跟上孩子的节奏绝非易事，需要极强的忍耐力和注意力。可是不管怎样，最终还是要按照孩子的要求，反复地假装自己"身中百万伏特的高压电"倒地，然后接受"治疗"，最终

"复活"。

孩子喜欢在大人面前炫耀的，不仅有关于卡通角色的知识，还有关于恐龙、昆虫等各种动物的知识。有时，他们就连罕见的海洋生物的特征都能娓娓道来。

"妈妈，你知道这个叫什么吗？"

一次，正在阅读绘本的孩子指着书上的一条鱼问我。我只好看着一旁的标注，答了出来。

"嗯，稍等。这个叫……蓑鲉。"

"这叫狮子鱼，拜托你去查一下啦。"

我拿出手机搜索了一下，发现"狮子鱼"的确是蓑鲉的别名。

"你是怎么知道的？"

"《海底小纵队》里出现过呀。妈妈，鮟鱇鱼真的长得很吓人吧！它这里会发光，可以诱捕其他小鱼。"

3~6岁的孩子对世间万物都怀有强烈的好奇心，尤其在孩子3~4岁时，随着语言表达能力的发展，他们会喋喋不休地提问，或滔滔不绝地谈论自己掌握的知识。在父母教给他们知识的时候，他们也会脱口而出地炫耀道："我知道！"刚学会说话的孩子出于实践自己语言能力的冲动，同时为了向周围人强调自己的存在，会东指西指地四处提问。此外，孩子希望自己知道的东西父母也能知道，所以会迫不及待地分享自己的知识。

亚里士多德在《形而上学》中写道："求知是人类的本性。"

阿基米德那句著名的"尤里卡！"也是在发现新知识时发出

的欢呼。

随着长大,孩子会迅速掌握各种各样的知识。每当这个时候,父母都会很惊异地问道:"你是怎么知道的?在幼儿园里学的吗?"孩子总会回答:"不是啊,我早就知道了。"而且,孩子在成长过程中,总是通过问"爸爸,你知道这是什么吗?"这样的问题来确认父母的知识是否与自己同步。如果父母回答说"不知道",孩子则会耸耸肩做出无奈的动作。而如果父母知道答案的话,孩子便会发出"哇!"的感叹。

这样的表现大体上是自然成长过程中的一部分。5~6岁是孩子渐渐从父母的怀抱中脱离出来的年龄。孩子的智力得到了进一步的发育,好奇心随之持续增强,对所学知识的表达欲也会变得更强。

这一时期的孩子有着非常强烈的意愿,想要验证自己学到的知识,并把它分享给周围的人。尤其是平时在家里总被认为是最棒的孩子,但他在别的地方不受人瞩目时,就会装出一副了不起的模样。他们急切地想要把自己掌握的知识告诉别人,对于自己擅长的事情,哪怕只是小小的事情都想得到别人的肯定。

父母有时会担心孩子骄傲自满而吝啬夸奖,特别是对5~6岁的孩子,尤其会注意观察这个年龄段的孩子是否有自大的表现。然而,客观地看待现实、学会谦逊的态度对这个年龄段的孩子来说为时尚早。因此,要承认孩子炫耀知识这件事是正常的,然后把他往谦逊的方向引导即可。如果孩子到了上小学的年龄依然存在强烈的炫耀倾向,那就可能会影响他与同龄人之间的交往。但通常孩子到了这个年龄,即使不刻意克制自己,也会自然而然地明白,世界上还有很多自己不知道的事情。

## 孩子炫耀知识的潜在心理

希望别人肯定并称赞自己所了解的东西,这种表现通常被认为是炫耀。

> 我懂得多吧?我很棒吧?我酷不酷?

当孩子表现出想得第一、想得到肯定的欲望时,不要批评他,而是要平和地接受这件事。

"是的,你是第一。真的很棒。原来你一直想做得更好啊!"

自尊心强和装了不起这两件事从表面上很难区分,但它们背后隐藏的心理活动是完全不同的。不懂装懂、装作了不起是自卑感和优胜感在作祟。当自己都无法相信自己,无法从他人那里获得充分的肯定,无法被当作有价值的存在时,自卑感就会产生。这时,孩子便想要通过证明自己比别人懂的知识多来提升优越感,从而填补内心的匮乏。当然,别人无法窥探到这些心理活动,只会从表面上认为他是一个不懂装懂的人。

因此,一定要记住,在夸奖孩子时,要着重夸奖他努力学习、获取知识的过程。当孩子明白自己被夸奖的不是结果,而是自己努力的过程时,便会慢慢树立健康的自尊心和自信心。

## 帮助孩子合理展现自我的方法

父母可以帮助孩子度过炫耀知识储备的阶段,让其学会适当地展现自我。

1. 保持听与说的平衡。

即使别人不夸你聪明，你也认为自己是个很不错的人，这种想法是很健康的。这样的孩子懂得重视自我，自尊心也比较强。但在别人面前过度强调"我很厉害"，从社交角度来看就是不太成熟的做法。孩子在说出这种话时，并没有正确认识到对方会如何看待这些话。这种情况下，父母会担心孩子在与同龄人交往时遇到困难。

但"坦白说你并不聪明，你做得也没有那么棒"这种话是很难对孩子直言的。而"你这样子朋友会讨厌你""大家都会讨厌不懂装懂、自大的人"这样的话，我也不提倡父母对孩子讲。那么，当孩子夸大自己的能力，说"我真的很厉害"的时候，父母该如何回应呢？

虽然每个孩子的自我认知程度存在差异，但通常来讲，装作了不起的孩子在一切对话中都扮演着说话很多的角色。虽然孩子在家里能够听得进家庭成员的话，但与同龄人相处时却不一定如此。父母要让孩子明白，作为集体中的一员，必须考虑他人的感受。这一点对于孩子的社会性发展至关重要。

"没错，很棒。你努力学习知识，我和爸爸都觉得你做得很棒。但和其他人在一起的时候，最好不要说太多话，也不要花很长时间说自己的事情。聊天的时候要注意控制好时间，你说话的时间最好和别人说话的时间差不多。"

**2. 把乐于炫耀自己向积极的方向引导。**

帮助孩子把单纯向别人炫耀自己的知识引导为不过度地展示,甚至是能够帮助别人的方向上来。通过帮助朋友或家人的经历,孩子能学习如何与他人分享及关怀他人。更进一步,还可以把帮助别人这件事本身作为一个新的课题,以此培养孩子解决问题的能力。

"没错,你的英语非常棒!所以,可以拜托你教弟弟学英语吗?"

"如果弟弟能在你的帮助下进步,那是多么棒的一件事啊!"

# 这是什么？为什么？为什么要那样做呢？

## 对世界充满好奇的孩子

"老师，孩子最近问'为什么'的频率特别高。我也想认真回答他，但是有很多问题我确实也回答不出来。"

这是来到咨询室的父母常有的苦恼。

"我为什么要上幼儿园？"
"为什么爸爸的肚脐眼长得那么好笑？"
"妈妈，你为什么要坐下休息？"
……

家长总会被孩子连珠炮般的问题问得头昏脑涨。如果是有明确答案的问题还好办，但孩子的问题大多是天马行空的，这让家长感到很苦恼，不知道该怎么回答孩子。

就连在阅读绘本的时候，看到没见过的昆虫或花朵等，孩子也会提出一连串的问题。

"这是什么?"

"这叫螳螂。"

"它为什么叫螳螂?"

"这个嘛……大家就是这样叫的。"

"螳螂为什么长这个样子?"

在这样的问题攻势下,父母只好上网搜索"螳螂名字的由来和形态特征"。

去动物园玩的时候,孩子也会不停地问:"妈妈,为什么长颈鹿的脖子这么长?长颈鹿会说话吗?我们在家里养只松鼠可以吗?"

如果孩子得到的答复是"不行",他还会继续追问:"为什么不行?那养只兔子行不行?"

"别问了,看看那边吧。哇!是狮子!再看看那边,是大象!大象很大吧!"当家长抵挡不住孩子的问题时,便会设法转移孩子的注意力。

但孩子很快又会继续他的提问。父母虽然能够通过查阅资料告诉孩子长颈鹿脖子长的原因,但一些复杂的问题用简单的方式解释给孩子听,的确不是容易的事。

我家老大在 3 岁时进入了提问爆发期,当时他总会在所有的对话后面加上一句"为什么",尤其是在乘坐公交车或地铁等公共交通工具的时候,他的好奇心会一下子爆发。

某天,在公交车上,我用"你是怎么想的呢?"来反问孩子提出的问题。这时,坐在我们后排的一位大人对孩子说:"别再向妈妈提问了,妈妈回答这么多问题也很辛苦的。"虽然我们的

对话声音并没有那么大,但对坐在正后方的乘客也的确造成了困扰。我郑重地向那位乘客道歉之后,这样对孩子说道:

> 公交车是公共场所,这里还有其他乘客,所以我们要保持安静。等我们一会儿下了车,你再提问也不晚。你一定是因为出门了,对外面的世界感到好奇,才不断提问的吧?

"为什么"的意识大约是从孩子3岁左脑发育时开始形成的。孩子随着与外界的接触越来越多,好奇心也越来越强,浓厚的兴趣驱使他们不断地提出问题。但随着他们升入小学高年级,问题又会逐渐减少。当孩子问"为什么"的时候,父母一开始还能亲切耐心地一一作答,但随着问题越来越多,父母感觉孩子像在开玩笑似的接二连三地问个不停,便会喝止他"别问了"。这往往是在父母回答不出来或是感到不耐烦时的反应。在孩子的频繁提问下,父母有时甚至觉得:"他是想故意这样折磨我吗?"虽然父母理智地告诉自己并非如此,但最终还是会逐渐暴躁起来,无法好好回答。

### 好奇宝宝的内心世界

> 我想确认一下我学的知识对不对。我不想睡觉。
> 我想和爸爸一起玩问答游戏,我不想睡觉。

对孩子们来说,"为什么"是一句非常有趣的话。毕竟,世界上值得好奇的东西那么多,要掌握的知识也那么多。好奇心过重的孩子,甚至都难以安然入眠。提问,一方面可以满足孩子的好奇心,另一方面能引发他们对新事物的好奇。

在孩子的眼中,父母似乎无所不知,能够回答他们提出的一切问题。孩子想把自己已经学会的知识通过提问的方式向父母确认,同时也想获得父母的关注。孩子坚信,父母知道并会告诉自己好奇的全部答案。

> 我提问的时候,妈妈会看着我,亲切地回答我的问题。而且,在我有问题的时候,妈妈比谁回答得都好,我也不是对谁都随便提问的。

## 培养孩子提出好问题的方法

在做咨询的过程中,我发现有些孩子的确会不断提出问题。其中,有的孩子会问有明确答案的问题,有的孩子会反复问一些没有意义的问题,还有些孩子已经把父母问得不耐烦了,但还是无法停止提问。对于这些孩子提出的问题,父母要怎样回答才比较好呢?

**1. 有时有必要给孩子规定提问的数量。**

对年龄比较小的孩子来说,"提问开关"一旦被打开,提问的游戏就会无休无止。尤其是当他们知道如果不断提问就可以推迟睡觉时间的时候,他们的话匣子就再也不会关上了。这时,父母可以对孩子提问的数量做出限制,告诉他"停!只问一个问题,其他问题明天再问!",孩子便会放弃无意义的问题,挑选出自己真正好奇的问题。

**2. 和孩子共同寻找问题的答案。**

提问是思考的开始。几乎所有的思考都是从提问开始的。通过提问,孩子可以逐渐掌握生活中最重要的能力——思考能力。通常在孩子提问时,父母会认为应该给出正确答案,但最好的方式是反问孩子"你觉得为什么是这样的?",和孩子在探讨中找到答案。

出于好奇心提问的孩子,主要会问一些有关事物原理或因果关系的问题,而这些问题大部分是父母较难回答出来的。这时,可以告诉他"妈妈也不太清楚,我们一起查一下",然后和孩子一起查阅书籍或利用网络进行检索。这样可以使孩子在满足好奇心的过程中感受到快乐,同时增加和父母沟通的机会。比起直接告诉孩子标准答案,和孩子一起寻找答案的过程才是最重要的。

如果孩子有特别感兴趣的领域,那么父母要积极地帮助他在这一领域深入地探索下去。不要厌烦孩子的提问,要积极地给予肯定:"这个问题提得很好啊!"这样,孩子的求知欲就会更强。请记住,孩子们通过提问可以拓宽思路,获得学习的动力。

# 不要在别人面前说我的事！
## 在陌生人面前害羞的孩子

有一次，我和孩子走在路上的时候遇到了一个熟人，于是我们停下来短暂地聊了一会儿。

我对孩子说："怎么不和阿姨打招呼呢？"但孩子还是藏到了我的身后。

"印象中还是小婴儿的样子呢，现在都长这么大了啊！在哪里上幼儿园呢？你们这是去哪儿呢？你吃饭了吗？乖不乖？听不听妈妈的话？"

对方非常热情，不断地寒暄着，但孩子却不怎么回答。

在人际交往中，见面打招呼是十分重要的。如果孩子没有主动打招呼的话，父母就会催促他"快点叫人"，提醒他注意礼节。生活里，父母为孩子不向别人打招呼而赔礼道歉的场景是很常见的。

实际上，站在孩子的角度来说，他只是对突然遇到陌生人这件事感到慌张罢了。

害羞地躲在父母身后的孩子在回家路上烦躁地说："妈妈，不要叫我说话!"

妈妈总会以一种没什么大不了的口吻问道:"哎哟,不就是让你叫个人吗,这是怎么了?"

很多孩子从 3 岁左右开始社会性发展时起,就会在家庭内外表现出完全不同的态度和行为。平时在家里非常活泼、爱开玩笑,也很善于表达的孩子,在外面遇见陌生人的时候却会变得十分安静寡言。

德国哲学家、社会学家格奥尔格·齐美尔(Georg Simmel)曾在《羞耻心理学》中提出,害羞是由于他人眼中的自我形象和自己理想中的自我形象不一致而产生的。现实中的"我"和理想中的"我"是存在距离的,如果这个距离被别人看到的话,害羞感就产生了。害羞是成年人也能经常感受到的一种很正常的情绪。因此,不要责备孩子的害羞,而是要给予孩子充分的理解。

## 孩子害羞的潜在心理

害羞的情感是在 3 岁左右萌生的。人会感到害羞,其原因是多种多样的。但从根本上说,害羞主要源于不安和害怕。

> 可能是陌生人太多让我觉得有点害怕吧,所以什么都说不出来。跟妈妈在一起的时候,如果遇到认识的人我还能向对方打招呼,但是面对第一次见到的陌生人,我实在不知道该怎么说话。

那个在家里喋喋不休的"小捣蛋",在陌生人面前就变得完全不会开口说话。在家长催促孩子打招呼的瞬间,陌生人的视线也会集中到孩子身上，这会让孩子感到更加局促不安，只好躲到父母身后。

孩子不打招呼、躲在父母身后，是因为孩子对这个素未谋面的人不熟悉，对跟这个陌生人打招呼的自己也不熟悉。虽然有些孩子是可以迅速和陌生人熟络起来的性格，但也有些孩子在跟陌生人交流和适应新环境方面需要一些时间。这只是性格上的差异而已，跟家长是否催促没关系。认生严重的孩子在慢慢习惯这种情况之后也就逐渐不会害羞了。

其实，看着父母热情地向别人打招呼，对孩子来说已经是在学习了。孩子只是出于内心的不安，还比较难以像心中所想的那样大声地打招呼而已。

## 帮助孩子建立良好人际关系的方法

有时，老师或父母会在孩子在场的情况下，讨论与孩子有关的事。这时，有些孩子会想要阻止父母当面讨论与自己相关的事情。内向型的孩子会对初次见面的陌生人抱有警惕心理。对这样的孩子说"你为什么不打招呼？"，不如对他说"打招呼其实并不像你想的那样尴尬，别害羞"。

**1. 不要刻意逼迫，耐心等待孩子做好准备。**

孩子一言不发地躲在妈妈身后的时候，如果妈妈催促他"快点出来打招呼"，孩子会更加害羞，更难以走出来打招呼。请父母耐心地等待孩子自己做好大方打招呼的心理准备，或是让他自己想想下次再遇到类似情况应该怎么做，然后耐心地等待他主动付诸行动。

**2. 在没有人的场合告诉孩子该如何打招呼,并与他共情。**

如果当着其他人的面说"我家孩子腼腆,容易害羞",孩子就会在潜意识里接受这样的看法:"啊,原来我本就是容易害羞的孩子。"因此,最好等双方分别后,再跟孩子讲该怎么打招呼的事情。

要对孩子的害羞心理表示理解,不要抓着孩子没有打招呼的事情不放,要告诉他不安和害羞都不是错:"没错,跟陌生人打招呼的确是令人有些难为情的事。"

**3. 让他看看父母是怎么打招呼的。**

在孩子眼中,如果不是经常见面的熟人,那么他很难搞清楚需要跟谁打招呼,不用跟谁打招呼。更何况如果不是经常见面的人,他可能压根就没有印象。

如果父母在孩子没有主动打招呼的时候就提醒他"说'叔叔好'",孩子会感到更加害羞和别扭,问好的话也更难以启齿。较之更好的做法是,告诉孩子可以在父母主动打招呼的时候,跟父母一起向他问好。

**4. 通过绘本或角色扮演游戏间接积累社交经验。**

如果强迫孩子打招呼,孩子会对此事感到更有负担。因此,最好让孩子自然而然地熟悉与人打招呼的情境。自信是可以克服害羞的。孩子可以通过一次次小小的成功变得越来越自信。父母在家可以跟孩子一起阅读相关内容的绘本,帮助孩子学习如何与初次见面的人打招呼,然后让他模仿书中主人公的行为进行练习,比如假装和玩偶交换角色,互相打招呼。也不妨假定一个情境,通过问答的方式让孩子练习一下。

"如果别人问你几岁了,你该怎么回答呢?"
"我5岁了。"
"那如果别人问你去哪里呢?"
"去幼儿园。"

也可以尝试和父母互换角色来玩游戏。练习的次数多了,孩子的害羞感就会减弱,自信心则会增强。如果孩子某天能够像练习时那样,和别人大方地打招呼,父母就要积极地给予肯定。

角色扮演游戏可以让人体验日常生活中没有经历过的情景,这对于孩子的成长也是有帮助的。

# 我想自己玩！
## 在独处模式和共处模式中摇摆的孩子

孩子与同龄人的关系是父母关注的重点。当父母发现孩子喜欢独处时，往往会为孩子的社会性发展而担忧。为了让孩子多和同龄人一起玩，许多父母会相约带孩子一起去游乐场、动物园等场所。但即便如此，孩子还是会说："爸爸，我想自己玩，我不想出去。"这时，父母会劝导孩子说："我们都说好了，一起去玩吧。"

每天，在孩子从幼儿园回到家后，父母就会关心地问他："今天都和谁玩了呀？"父母只要知道孩子独自一个人玩耍，就会担心他上学之后会不会出什么问题。

"老师，我的孩子和同学相处得怎么样？"

"孩子爸爸，就算我让你的孩子和其他同学一起玩，或者建议他参与一些集体游戏，他也还是想要自己一个人玩。"

一般来说，孩子开始能够与同龄人进行正常交流的年龄是 3~5 岁。在这个年龄段之前，孩子喜欢独自玩耍是非常正常的现象。到了一定年龄，大部分孩子都会自然而然地开始喜欢和同龄人一起玩耍。在玩耍过程中，孩子会学到合作和化解矛盾的方式，从而促进社会性发展。

但并不是所有的孩子都喜欢和同龄人一起玩耍。有些孩子直到小学低年级阶段才开始和同龄人一起玩耍。对于孩子不喜欢和别人一起玩这件事，其实没有必要过度担心。因为每个孩子的性格不同，有些孩子的确更喜欢独自玩耍。

## 孩子喜欢独处的潜在心理

在游乐场或幼儿园里经常能看到远离同伴独自玩耍的小孩。他们总是自己读书、画画、拼拼图或搭积木。即使在和同伴一起玩的时候，他们也更偏爱安静的活动。

> 我安静地独处时，内心更加平静。我喜欢一个人全神贯注地玩，我不明白为什么一定要让我和别人一起。我觉得和别人一起玩没意思，我想做我自己觉得有趣的事情。

这类孩子更喜欢自己安静独处。独处能让他们感到舒适、安宁。他们中的一些孩子认为没有必要和别人一起玩，对别的孩子也不感兴趣。在交朋友方面，他们认为比起结交一大群好友，有一两个好朋友已经足够了。

这类孩子虽然不是能够率先走向别人、积极主动结交朋友的性格，但在一定情况下也能快速和别人打成一片。不能把孩子喜欢独处与孩子对交朋友完全不感兴趣画等号。他们可以专注于自己的游戏，也可以在一旁看着朋友们玩。如果孩子平时喜欢和朋友一起玩，但某天却突然开始喜欢自己玩，也无须过度担心。因为孩子有可能是在玩的过程中和朋友产生了矛盾，为了找到化解矛盾的方法，需要用独处的时间来思考。

## 帮助孩子和朋友一起玩的方法

站在父母的立场上，看到孩子喜欢独处，不由得就会担心孩子的社会性发展不顺利。如果因此而不断地催促孩子去社交，反而会让孩子更加缩手缩脚。不如站在孩子的角度来思考，配合孩子成长的节奏。

**1. 父母真正接纳孩子的性格是十分重要的。**

父母都很看重孩子的社会性发展，因此会把孩子的不善交际视为问题，强制他们去交朋友。然而，这对一个内向型的孩子来说是很大的压力。他们会通过父母的表情和语气，认定自己是个很差劲的人，甚至会不喜欢自己。

无论做什么事，只要是被强迫的，就好像穿上了不合适的衣服，或是硬要模仿别人说话似的，让人感到别扭。虽然父母这样做是为了促进孩子的社会性发展，孩子却会因此把自己当作一个有问题的人，从而更加自卑和畏缩。

我还记得我家老大5岁时发生的一件事。老大在幼儿园里最喜欢玩角色扮演、编故事以及一些他自己制定规则的游戏。同龄的孩子都喜欢追逐打闹，我家孩子却喜欢玩卡牌游戏，且要自己制定规则。即使朋友们想来和他一起玩，但听到他那复杂的游戏规则后，也常常会失去兴趣，转身离开。

某天，孩子在睡前向我倾诉了他的烦恼：

"妈妈，我是想和朋友们一起玩的。但我没有好朋友。有个朋友叫其他朋友们去他家里玩，我也想去，但他说不让我去。"

听了孩子的倾诉，我的心里"咯噔"一下。我的孩子遭到了朋友的拒绝。我仔细想了想才发现，自从他的好朋友搬家之后，他在幼儿园里好像再也没有交到新的好朋友了。

我思考着该怎么回答孩子"自己没有好朋友"这句话，最后我对他说："没有收到朋友的邀请，你肯定很难过吧。其实妈妈前几天和老师打了通电话，老师说你并不是没有好朋友，而是跟班里的每个同学都相处得一样友好。"

听到我的话，孩子脸上的表情变得明朗起来，他反问我："是吗？"这个时期的孩子很相信父母的话，乐于接纳父母的反馈。因此，与其把重点放在问题本身上，不如从其他角度跟孩子聊聊。

"老师说你和所有的同学都相处得很和谐。什么都吃的小朋友身体才更强壮，对吗？你和每个人都能相处得很友好，这说明你是一个很全面的人。你觉得呢？"

"嗯，我喜欢玩自己喜欢的游戏，并且是和朋友们一起玩。"

## 2. 找到喜欢玩同类游戏的朋友。

"你为什么不合群？你得和别人一起玩才行啊！"这样的话会伤害孩子的自尊心，导致消极的结果。父母平时不要责备孩子，可以观察他喜欢什么游戏，然后创造机会让他和喜欢玩同类游戏或性格相近的孩子在一起玩；可以引导孩子先暂时和一位朋友在一起玩，渐渐地，朋友的数量及与朋友一起玩的时间就会增加，孩子便能在这个过程中熟悉交朋友的方法。

但一切都要以孩子的意愿为先。不要因为父母自身的不安和担心而贸然尝试，在此之前一定要先问问孩子的意愿，问孩子是否愿意和朋友一起玩。孩子不跟其他人共处，独自玩耍时，可能会感到郁闷或孤独，但逼迫孩子只会引起他的反感和排斥。就像刚开始学骑自行车的时候，要多次尝试才能掌握平衡，孩子交到朋友也是需要时间的。父母不要受自己心态的影响而操之过急，去干涉和强迫孩子。

### 3. 询问孩子对朋友的看法。

父母有必要询问一下孩子是否对朋友存在消极的看法，或者是否和朋友之间存在分歧。仔细地观察孩子，问问他是否需要帮助。这样，孩子就会把自己的想法告诉父母，比如，"朋友抢了我的玩具""我拼积木的时候他们会搞破坏，所以我更喜欢一个人画画"，等等。

### 4. 通过角色扮演游戏让孩子体验主导权，促进孩子的社会性发展。

孩子偶尔会自己玩一些自问自答的角色扮演游戏。孩子自言自语地扮演不同角色的游戏过程，实际上是在预演和回顾不同的情境。这其实是一项有意义的活动，因此家长最好不要打扰孩子。

当孩子无法对朋友说出想说的话，或是在社交关系中找不到自己的定位时，可以通过角色扮演游戏进行练习。孩子自言自语地进行角色扮演，主导并推动情节的发展，可以收获成就感和愉悦感。当父母判断孩子已经独自玩了足够长的时间时，可以加入进去开展双人游戏，并且最好让孩子掌握游戏主导权。

这个也想带上去玩，那个也想带上去玩！

第三章

# 针对使用趣味型语言的儿童

## 让孩子有主见的鼓励式倾听法

稚嫩的话语中，隐藏着孩子真实的内心。

"我心里不安，坐不住。"

"我很难过，没办法集中精力。"

"我好累，帮帮我吧。"

"看我！看我！搞笑吧！""哇！这个应该很好玩。"有些孩子随时随地都可以开玩笑，他们不断地发现着身边新鲜有趣的事情。

"我可以去玩了吗？""我们去游乐场玩吧！"他们的关注点似乎都集中在玩耍上。

"我不学芭蕾了，我要学跆拳道！"他们兴趣爱好广泛，很难集中于一处。

这类孩子希望感受当下的幸福，他们认为有趣而令人愉快的东西对自己来说很重要。他们喜欢和一群朋友在一起玩。比起听指令或按计划行事，他们更喜欢按照自己的兴趣和意愿来行动，且行动力很强。

这类孩子往往具有丰富的想象力和十足的创造力，能够快速地适应不同的环境。同时，他们充满热情，热爱冒险。因为他们总是充满活力，能够制造出欢乐的气氛，所以和他们在一起会十分有趣。

但这类孩子在落实长远规划方面是存在困难的。因此，必须给他们提供令其坚持下去的动力。这些不断地制订新计划、幻想着无限可能性的孩子，稍不注意就可能变得散漫，因此，父母一定要留意观察。

通过下面几个问题，父母能够进一步了解孩子。

> ·和妈妈一起做什么事情的时候，你能感受到乐趣和幸福呢？
> ·妈妈为你做哪些事情的时候，你会感觉到幸福？
> ·1分到10分，你为自己今天的开心幸福打几分？

上述问题可以帮助我们更加具体地了解生活中令孩子感到高兴的事情多不多，以及孩子在什么时候、从什么事情中能够感受到快乐和幸福。

虽然每位学者对乐趣的定义稍有不同，但大体上是指孩子通过某些活动能够感受到的快乐和情趣。乐趣不仅包含令人感到愉悦的情绪属性，还包含能够促使人坚持下去的动机属性和提高注意力的认知属性。乐趣是通过做某事而创造出来的愉快经历，对孩子来说是非常有价值的东西。

从教育的角度来看，孩子感受到的乐趣有三大价值。

第一，乐趣能够调节生物机能，使人脱离身心消极的状态，回归原始状态下轻松愉悦的日常生活。

第二，从认知的层面上看，乐趣一旦产生就会令人沉浸其中，从而进入最佳的学习状态，即屏蔽外部的干扰，专注在事情本身的意义上，提高学习效率。

第三，乐趣能够以强烈的自信为基础，引导人持续进行某项活动。寓教于乐的游戏就是很好的例子，通过游戏的乐趣提高学习的动力，减轻学习的负担。

那么，我的孩子现在幸福吗？他能够感受到乐趣吗？当然，天底下所有的父母都希望孩子能幸福。但和父母谈话后，我发现他们对于孩子的幸福，考虑得更多的是未来而非当下。如果孩子当下没有感受到乐趣和幸福的话，未来又如何能享受幸福呢？

我有时会想，在当今社会中，让父母放下焦虑和不安去守护孩子的愉快感受，是一件多么奢侈的事情啊！但即便如此，父母还是要努力让孩子拥有更多愉快的经历。拥有乐趣的孩子才能够带着幸福感生活下去。在幸福中长大的孩子会拥有面对挫折的勇气和力量，也会养成强大的自信和卓越的能力。

那么，怎样做才能让孩子感受到幸福呢？在积极心理学中，每个人挖掘自己的优点，完全满足于正在做的事情，这种状态即被视为幸福。虽然这会受到物理环境和性格差异等多种因素的影响，但亲子关系对孩子的成长和发展起到关键的决定性作用。因此，在本章中，我们要来探讨一下孩子经常使用的趣味型语言，从一个个案例中学习守护孩子幸福感的秘诀。

# 我们去游乐场玩吧!
# 和我一起玩!
## 总想蹦蹦跳跳玩个不停的孩子

职场妈妈的周末总是被家务事缠身。气候四季分明虽是件好事,但每逢换季整理衣橱时,心中难免暗暗希望如果一年只有一个季节就好了。但是,孩子一到周末就满怀期待地想和妈妈一起玩。

"妈妈,跟我玩!我们一起玩吧!我们去游乐场吧!妈妈快点出来吧!"

说话间,孩子已经换好鞋,站在门口等妈妈了。父母都知道孩子要玩得好才能长得好。但做家务已经使人筋疲力尽了,因此时常没办法充分满足孩子想要一起玩的愿望。

可孩子想和父母一起玩的需求很强烈。游乐场对孩子来说是最能提供愉悦感的场所。

孩子大概在18个月大时,会本能地开始探索世界。即使还不怎么会说话,也能通过拉着妈妈的手向外走,来明确传达自己的意愿。

2岁时,随着孩子的继续发育,他需要外出活动以释放身体多余的能量。

3岁时，孩子会开始玩一些将经验和想象相结合的游戏，他们的游戏形式和内容也会越来越丰富。

4岁时，孩子会在想象力游戏中加入角色扮演的内容，游戏的主题和内容与之前相比更具创造力。

到了5岁左右，孩子游戏的规模会扩大，不仅会有多人参与，还会为了游戏目标而学会合作。这一时期的孩子会将自己在日常生活中的经历通过游戏表现出来，会模仿身边大人们的样子，沟通能力也进一步提高。孩子通过丰富多彩的角色扮演游戏，了解到自己生活在被父母和朋友等社会关系围绕着的世界中。他们会对交朋友产生兴趣，逐渐熟悉如何与朋友互动，通过跟他人的合作，以及与他人的相互照料和谦让，认识到自己的社会角色。

我们似乎每年都能听到关于韩国儿童幸福指数排名垫底的新闻。健康保险理赔审核的统计数据显示，2017年韩国儿童抑郁症患者有6421名，2020年则增加至9612名。短短3年间，儿童抑郁症患者数量急剧增长了49.7%（5~14岁区间）。2019年，救助儿童会和首尔大学社会福利研究所共同开展了一项关于国际儿童生活质量的调查，结果显示，韩国儿童的生活质量在35个被调查国家中排名第31。

身受抑郁症折磨的孩子如今依然在不断增多，课外辅导和物质至上主义带来的压力对他们的影响巨大，在经济合作与发展组织的调查中，有一个问题是"想要得到幸福所必需的东西是什么"，涉及物质价值（金钱、成绩、证书等）的回答，占比高达38.6%；关系价值（家庭、朋友等）占比为33.5%；而个人价值（健康、自由、梦想等）占比最低，只有27.9%。值得关注的是，回答内容里涉及关系价值的孩子幸福指数相对较高一些。这可能是因为对这一时期的孩子来说,与父母关系的好坏是能否缓解压力的关键。

联合国《儿童权利公约》(UNCRC)第31条规定了儿童参与娱乐和文化艺术生活的权利,明确提到"缔约国认识到儿童享有休息和闲暇,从事与儿童年龄相宜的游戏和娱乐活动,以及自由参加文化生活和艺术活动的权利"。孩子的第一任游戏对象就是父母。对孩子来说,与父母玩耍是一项愉快的互动体验式活动。父母陪孩子玩耍也能够促进孩子的社会性发展,帮助孩子顺利成长为社会的一员。父母在孩子幼儿时期所扮演的共同游戏者的角色,比其他任何时期都有必要且更重要。

孩子需要的不是只用眼睛看或只用耳朵听的活动,而是能够亲自参与其中的体验式活动。孩子在感受到乐趣时往往是记忆力和学习力最强的时候。此外,孩子会对一起玩游戏的人产生喜爱之情,从巩固亲子关系的角度来看,在为亲情打基础的幼儿时期,陪伴也是十分重要的。

孩子到底喜欢什么游戏呢?会喜欢创意性十足的游戏吗?我们需要有意识地关注孩子玩游戏的过程。如果你仔细观察孩子是怎么玩的,就能更加了解孩子。

## 孩子想出去玩的潜在心理

绝大多数孩子都喜欢出去玩,尤其是对性格活泼外向的孩子来说,游乐场简直是天堂般的存在。其实,大人也很喜欢开阔的空间。对孩子来说,可以尽情跑跳、大声呐喊的地方非游乐场莫属。即使是同一个游戏,在室外玩也比在房间里玩更有趣。因为在室外可以感受到更多的刺激,也能更大程度地激起孩子的好奇心。

> 在游乐场里我可以跑得更快。游乐场里有很多小朋友,也有很多能让我开心的东西。我可以爬到滑梯上从上面看妈妈,也可以顺着滑梯"咻"的一下滑下来,感受风从耳边吹过,这些都让我感到又刺激又惊喜。
>
> 荡秋千的时候,周围的世界跟着一起前前后后地晃动起来,身边的房子也跟着我一起摇摆,这种感觉真的很神奇。这样的感觉只有在这里才能体验到。
>
> 坐在跷跷板上,当对面朋友那端压下去的时候,我感觉自己好像要被发射上天一样。我喜欢能让我一直感受到快乐和惊喜的游乐场。

孩子在成长过程中,会逐渐完善自身的控制能力和感觉能力,自然而然地会产生想要跳得更高、跑得更快的意愿。他们会尝试自身到底能够达到什么样的极限,而能够满足这种挑战和冒险的最佳场地正是游乐场。像这样带着强烈的好奇心去玩耍,半个小时很快就会过去,不知不觉就到了晚饭时间。

### 把游乐场变成孩子的舞台

如此重要的户外游戏,父母该如何帮助孩子更开心地享受其中呢?让我们从以下几个方面来着手吧。

**1. 让孩子尽情地发挥探索欲和好奇心。**

外面的世界比家里更广阔,也有更多好玩的东西。有散步的小猫和小狗,有路边的花草和树木,有在地上爬来爬去的小蚂蚁,还有在游乐场短暂停留又飞走的鸽子……孩子会怀着"今天谁来游乐场玩了""会不会交到新朋友"的好奇心来到游乐场。在去游乐场之前,向孩子提出以下几个问题,可以帮助孩子带着好奇心更好地进行探索。

"你猜猜今天去游乐场的路上会遇到哪些昆虫、花朵和小朋友呢?"
"我还想遇到上次见过的那只小黑猫。"
"今天天上的云会是什么样子的呢?"
"我希望是弯弓形的。"
"你为什么希望是弯弓形的呢?"
"唔,上次我看到月亮是弯弓形的,如果云也可以是弯弓形的应该会很有趣吧!"

**2. 让孩子在游乐场拥有新的体验。**

2岁以后,随着儿童大肌肉的发育,他们会运用全身的肌肉进行跑、跳、滚等运动。但在这个阶段,孩子还无法完全进行自我控制,而家长由于担心他制造楼间噪音,便常常对他喊道:"别跑了!"但在游乐场,孩子就可以恣意奔跑,自由地活动身体,调动全方位的感官。这是在家里很难体验到的感觉。每当尽情地活动身体,孩子就会产生一种奇妙的刺激感,并由此沉浸在无尽的乐趣中。

**3. 鼓励孩子充分利用各种游乐设施，开发丰富多彩的游戏。**

"123 木头人"、冰块叮、捉迷藏、打石子、纸飞机、踩影子、跳房子等已经是非常常见的游戏了。除此之外，父母还可以鼓励孩子发挥创意，利用秋千、跷跷板和滑梯等游乐设施创造新的游戏，或是制定新的游戏规则。在这个过程中，孩子能够懂得等待、谦让、互相照顾和遵守规则等社交原则，这有利于孩子的社会性发展。另外，还要让孩子知道并记住，只有在保证安全的前提下玩耍才能尽兴，如果受伤了，那就没法尽兴了。

下面是我在寻宝游戏的基础上创造的一个新游戏。大家也可以在现有游戏的基础上，根据各自家庭的实际情况改编出新的游戏，和孩子度过愉快的亲子时光。当然，这些游戏也可以在客厅或孩子的房间等室内场合玩。

**拼图寻宝游戏：**

1. 买来一些空白的拼图，自己画上图案。

2. 在孩子玩耍的时候，把拼图碎片藏在小区花园的各个地方（最好藏在适合孩子视线高度的地方）。

3. 放置一块拼图板，鼓励孩子找到拼图碎片后完成拼图。

4. 可以全家合力完成一块拼图，也可以分头各自完成自己的拼图。

**任务寻宝：**

1. 询问家人想要做的事情，把它们写在纸条上，然后带去小区花园。

> 例如：给爸爸揉肩膀，拥抱 5 分钟，和妈妈一起出去玩，买冰激凌，给宝贝 30 分钟自由活动时间等。
> 2. 把任务纸条藏在小区花园的各个地方。
> 3. 找到任务纸条，并完成纸条上的任务。

**4. 尊重孩子的创意，鼓励他寻找新的游戏方式。**

有时，孩子早晨一睁眼就吵着要去游乐场玩。我如同往常一样，拗不过就只好牵着孩子的手一起前往。但也常常会因为各种主观或者客观原因，无法实现孩子的愿望。

"今天可以玩水吗？"

和户外游戏一样吸引孩子的，莫过于玩水了。我通常都会满足孩子在洗手间里自由玩水的愿望。

孩子玩水已经有半个小时了吧？我起身去洗手间察看，看到满地覆盖着白色的不明物体，不由得吓了一跳。难道孩子把洗发水或护发素全部挤出来涂在地板上了吗？

"这些是什么？"

"嗯，我刚才觉得没意思，就把卫生纸拿过来玩了，这样更好玩一点。"

原来这满地的白色不明物体是卫生纸。看着这些湿透变形的卫生纸散落在洗手间的各个角落，我想他刚才一定玩得很开心吧！孩童果然都是游戏天才！孩子别出心裁地玩水，我觉得这是他充满创意的表现，所以，我并没有生气。只不过，我会叮嘱他，这样做会浪费纸张，下次我们换其他的玩法，会更有新鲜感，也更节俭。

# 快看我！好不好笑？
## 给人带来欢乐的孩子

孩子在父母面前一边扮猴子一边跳舞的样子充满了童趣。虽然养育孩子是一件很考验身心的事，但很多时候，孩子带来的无尽欢乐可以大大冲淡这种辛苦。看着孩子调皮可爱的样子，感觉这种幸福是任何事都无法替代的，这是孩子献给父母独一无二的珍贵礼物。

"妈妈快看我！好笑吧？"

孩子通过开玩笑可以释放能量，同时满足自己的好奇心和探索欲。想开玩笑是一种极正常的心理，但有时孩子的玩笑也会让父母措手不及。

如果孩子在有其他人在场的时候，脱下裤子模仿蜡笔小新跳"大象舞"，就必须教育他了。孩子能够通过父母的反应判断出哪些玩笑可以开，哪些玩笑不能开。也就是说，孩子需要一定的时间，去了解开玩笑的尺度。父母要告诉孩子开玩笑的标准是不伤害其他人，不产生安全问题，更不能给他人带来不好的感受。

孩子从出生后 2~3 个月起，笑的次数就会逐渐增多，这个时期的孩子一天可以笑 400 次左右；到 6 岁时，一天可以笑 300

次左右。但成年后，人的笑容会逐渐消失，笑的频次也会急剧降低，大约平均每天只有 14 次，甚至很多人一天连一次也笑不出来。

成为父母后，很多成年人会比之前笑得更多，其关键原因正是孩子。从科学的角度来看，父母听到孩子的笑声时大脑会更加活跃。当孩子朝父母笑时，父母大脑中的快感回路被激活，父母会感到快乐，萌生一定要把孩子照顾好的意愿。并且父母还会期待看到孩子更多的笑脸，听到他们更多的笑声。此时的父母完全沉迷于孩子的笑容，被满满的幸福感包围。

从孩子的立场来看，笑容可以维系和父母之间稳定的亲密关系，也能促进大脑机能的健康发展。看到这里的各位，请想一想，你自己每天能笑几次呢？是否每天都能听到孩子爽朗的笑声呢？

## 孩子爱开玩笑的潜在心理

孩子不仅会因为想玩有趣的游戏而开玩笑，在他感到无聊时也会开玩笑。孩子想通过一个轻松的玩笑吸引父母或身边人的关注，以体现自己的存在感。开个玩笑看看别人是什么反应，这对孩子来说简直太有趣了。

> 和我一起玩吧！快关注我一下！快看我一眼吧！

因此，如果孩子的玩笑开得比较过分，就需要父母对孩子多一些关注，多陪伴孩子一起玩。因为孩子与父母是在一起玩的过程中形成亲密关系的，如果对孩子的陪伴或关注过少，孩子可能就会通过开一些较为出格的玩笑来满足自己被关注的需求。对孩子来说，没有什么比跟父母一起玩更好的了。

## 让孩子和对方都能玩得尽兴的方法

如何教会孩子在和他人共处时，让彼此都能开心地笑出来，建立良好的人际关系呢？扮动物、做鬼脸或做一些有趣的表情的确很可爱，但如果在别人刚说完话之后这样做，或是说出"她长得像河马"这样针对别人身体特征的玩笑话，确实是不合时宜的，会令人生气。这时，父母需要对孩子进行适当的批评和教育。

有时，自己的玩笑会在无意间让人感到不适，甚至有人就喜欢看别人因为自己的玩笑露出惊慌或为难的表情。无论如何，父母必须跟孩子讲明，在不同情况下可以开的玩笑和绝对不可以开的玩笑。如果父母感情用事，不加以理性的引导，那么孩子就会对自己的错误不自知，反而会逐渐远离父母。

兄弟姐妹之间发生的矛盾，很多都是源于一场玩笑，导致互相伤害，最终矛盾升级。即使孩子的本意是想和别人一起愉快地玩耍，但开的玩笑一旦伤害了别人，也必须果断地指出来。如果为孩子的不当玩笑捧场，那么孩子就会把它当作习惯继续下去。

父母应理解孩子的玩笑，不应纵容孩子过分的玩笑。任何事都应当有一条红线，在幼儿教育中把这条红线明确地指出来，让孩子在不触碰红线的情况下，尽情地愉快玩耍吧！

**1. 为孩子提供能够分散和消耗多余能量的活动。**

当孩子能量过剩时，就有可能通过过分的玩笑来消耗。因为孩子还没有学会如何合理分配自己的精力，所以帮助他做好调节是十分重要的。不要粗鲁地叫停孩子的活动，要找到能够让孩子持续释放能量的活动。

父母可以让孩子通过跆拳道、足球、跳绳等活动量较大的运动，或者演奏乐器、画画等多样化的体验来消耗孩子的能量，同时要给予孩子展示自我的机会。当孩子拥有多种方式去释放能量的时候，他就能学会如何适当地调节自己的欲望。

**2. 搞清楚孩子为何会开不当的玩笑，并给出恰当的反应。**

对孩子来说，游戏就是生活，是熟悉生存之道和人生智慧，促使身心健康成长的重要手段之一。只要孩子能够自发、主动地愉快玩耍，就能满足他对游戏的需求。

但是，如果孩子和父母共度的时间太少，无法充分满足其对游戏的需求，孩子就会通过开玩笑的方式来获取关注。尤其是在孩子还没有办法用恰当的语言去表达的时候，偶尔就会开不恰当的玩笑。这时，孩子即使受到了批评，也会把批评视为父母对自己的关注，从而积极地重复这种行为，以至于开更加不恰当的玩笑。因此，父母要对孩子想和自己一起玩的心情表示理解，同时坚决制止其过分开玩笑的行为，避免这种错误的行为继续发展下去。并且，父母要向孩子说明为什么不能开这种玩笑，然后提议进行一项新的游戏或活动，来代替开玩笑的行为。

"你为什么要脱下裤子扭屁股跳舞？"

"因为妈妈你不来抱我，我本来想和你一起玩的。"

"噢，原来是这样啊。但是你不可以把自己身体的私密部位展示给别人看，其他人看到会感觉不舒服。下次你可以直接告诉妈妈：'妈妈，我想和你一起玩。'"

还有一种情况是，孩子由于不知道别人如何看待自己的玩笑，因而故意开玩笑。4~5岁仍是自我意识强烈的阶段，这一时期，孩子的社会性和共情能力尚处于发展中，他们往往不能了解他人的感受。他们判断不出哪种程度的玩笑才是合适的，因此容易做出或幼稚或过火的举动。有时明明是因为想要和对方亲近，却开了过分的玩笑。有时也会由于自己鲁莽的行为，朋友们都躲着他，不跟他玩。

如果出现了这些情况，父母最好不要责备一通了事，要告诉孩子虽然只是想闹着玩，但做了过分的事情就要向对方诚挚地道歉。如果孩子表示自己不知道该怎么面对面道歉的话，可以耐心地教他该怎么说，也可以让孩子手写一封道歉信或是送给对方一件小礼物，以此表达自己发自内心的歉意。要让孩子认识到：任何玩笑都应该建立在不伤害对方身心的前提下，这是底线；如果无意间伤害了对方，鼓起勇气向对方道歉也是非常勇敢的行为。

# 我都被批评过了，现在可以去玩了吧？

## 太贪玩的孩子

"老师，我家孩子每次刚挨完训就立刻露出笑脸问我：'爸爸，我现在可以去玩了吧？'孩子笑得太开心了，这让我心里有点发慌，心里会不由自主地想：'他是不是不把我放在眼里？'每天放学回家后他也是先想着玩，从来不会主动先做作业。"

这是家庭教育过程中很常见的苦恼之一。漫画书中也经常出现这样的场景，父母在一旁喋喋不休时，一句句唠叨从孩子的左耳进去后，直接就从其右耳出来了。父母话音刚落，孩子立刻就说："爸爸，如果你说完了，我就去玩了。"说话的孩子脸上写满了困惑和无语，有时甚至会笑出来。

我想，当父母训斥孩子的时候，孩子就已经在思考等父母说完话之后自己该去玩些什么了。父母说话的时间越长，孩子一边听着唠叨，一边在头脑中思考等下玩什么游戏的幸福幻想来打发这段时间的可能性就越大。因此，对于这种孩子，最有效的谈话方针是简单明了。

有时，父母会感到孩子无视自己，而孩子并不知道自己错在哪里。这是因为这类孩子脑子里98%的部分都被玩的想法占据了，他们不只在挨训时想着玩，有的甚至就连睡觉时都在想着玩。

3~5岁的孩子喜欢玩想象力游戏，他们很容易沉迷在自己的游戏世界中。游戏对大脑开发至关重要，孩子通过玩游戏能够感知他人的情绪，也能锻炼解决创意问题的能力。

特别是对通过游戏发挥自己想象力的孩子来说，游戏中的经历几乎就是他自己的人生。他们要不断积累玩的经验。对这类孩子来说，把作业或其他要做的事以游戏的形式进行是很有帮助的。老实说，这个年龄段的孩子不想玩，才是更大的问题。

近来有关脑科学的研究表明，游戏对于孩子的整体发展起着重要作用。孩子玩耍的时间是必不可少的。孩子可以提议或策划一个游戏，然后和同龄人一起玩。游戏可以成为孩子自主选择的机会，也可以成为孩子与周围世界产生联结的契机。孩子可以从游戏中学到查找信息、探索方案、分析结果和承担责任等方方面面的技能和品德。同时，游戏也能培养自我决策、判断和解决问题等认知能力、探索能力以及自我调节能力。

美国青少年心理学专家莉维·福格尔（Livy Fogle）曾说，若父母支持孩子玩游戏，那么孩子就会自发地参与游戏，将自身的潜力激发出来。与此相反，一些父母认为游戏会耽误孩子的成长，跟着这样的父母长大的孩子，很难与同龄人打成一片，也更容易表现出与人疏远的倾向。可以说，父母对游戏的态度，会影响孩子对游戏的参与感，进而影响孩子的综合发展。

## 孩子贪玩的潜在心理

每个孩子都必须玩好。玩就是孩子的"天职",这就像人每天要吃饭一样,每天都玩好,才能满足孩子的娱乐需求。因此,一些孩子在被父母批评时,耳朵里听的是父母的话,脑子里想的却是等会儿玩什么。与其说他们在集中精力听父母的训斥,不如说他们是在察言观色的同时,思考其他有趣的事情。

> 挨批评简直太无聊了,我已经知道我错了。现在来想点有趣的吧!等会儿玩点什么好呢?啊,对,我要玩"海底小纵队"的角色扮演游戏。但妈妈还没说完话呢。等会儿就让海底小纵队潜入海底更深处进行一场海洋大冒险吧!啊,吓死我了,妈妈怎么突然发这么大火。该怎么把妈妈逗笑呢?妈妈现在的脸色看起来很难看,声音也变大了,像个女巫一样。没错,就是女巫给白雪公主吃苹果,让公主睡着的。

## 通过游戏培养孩子创新思维的方法

如果你的孩子很爱玩,想必令你欢笑的事情很多,令你忧愁的事情也很多吧!面对一个无时无刻不在思考怎么玩的孩子,父母得学着从不一样的角度理解并走近他。

**1. 会唠叨的父母可以改变孩子的人生。**

当问及父母在教育孩子时是否经常唠叨,很少有人会承认。

但对孩子提出同样的问题时，答案却是相反的。很多时候父母明明在唠叨，却总认为自己没有唠叨。

唠叨本身是消极的，它甚至拥有可以改变孩子人生的力量。但唠叨也是可以有技巧的。大部分父母唠叨，是因为被孩子做错的事情伤害了感情。因此，父母往往是在生气的状态下说话，带着情绪指责孩子。如此一来，孩子心里也会受到伤害。父母虽然在当时发泄了情绪，但随着事情过去，又会因自己的行为而自责和愧疚。

有效的唠叨必须以解决问题为目的，围绕问题本身展开。唠叨的最佳时机是在事情发生时立刻指出，然后迅速结束。

首先，父母要把自己生气、失望或是震惊等情绪状态告诉孩子，让孩子做好接下来要听话的准备。

然后，父母要明确指出孩子的行为错在哪里，并告诉他改正的方法。注意，不要反复说同样的话，也不要拿孩子跟其他孩子做比较，最好简洁明了地说明问题本身。

"不要在家里蹦蹦跳跳！楼下的邻居会感到很吵，这样会打扰别人的休息。"

"那我怎么像蜘蛛侠一样救人呢？"

"蜘蛛侠也不会在家里蹦蹦跳跳。他不是在户外才会发射蛛丝吗？关于怎么救人的问题我刚才也想了5分钟。这样吧，等我洗完碗，我们一起去小区的游乐场玩蜘蛛侠的游戏吧！"

**2. 为孩子积极创造玩耍的时间和空间。**

孩子总是在想"今天要玩些什么"，而父母却很少思考"怎样确保孩子有足够的时间玩耍"。尤其是在孩子升入小学后,放学后的时间总是被学习填满,没有玩耍的时间。

如果没有一份玩耍计划的话,孩子大概率会沉迷于游戏或社交媒体。虽然每个孩子喜爱的玩耍方式不同,但每个孩子都拥有一颗爱玩的心。我们经常见到小学低年级时还有很多时间玩的孩子,升入高年级之后,玩的时间急剧减少。无论如何,一定要保证孩子玩的时间,就像制订每天的学习计划一样,要给孩子有计划地安排玩的时间。

孩子对玩的热爱是真心的。我家老大 8 岁时,曾有一天在晚上 10 点睡觉前突然对我说:"妈妈,我需要一个人玩的时间。"然后,他钻到书桌底下,拿着 10 张迷你画片自言自语地玩了起来。

那天,即使推迟了原本的睡觉时间,我也让他开开心心地独自玩了半个小时。独自玩耍的时间是孩子一天中唯一可以随心所欲的宝贵时间。虽然在幼儿园或学校里也能跟同学一起玩,但在集体中无法做到完全按照自己的意愿尽情玩耍。所以,那天晚上虽然孩子的睡觉时间推迟了一些,但比起对孩子说"不可以",我觉得对他说"现在就去玩吧"会让他更心安和快乐。我想,每一个孩子都希望拥有准许自己尽情玩耍的父母吧!

**3. 让天马行空的孩子从不同的角度看世界。**

法国童书作者玛丽·多莱昂(Marie Dorléans)著绘的作品《胡思乱想》讲的是一个孩子在充满天马行空的想象力的世界中不断探索的故事。如果一个孩子从小就能够保持长期、多元的思考,那么他很有可能会成为一名伟大的作家。我们是不是没能给孩子提供一个机会，让他可以带着好奇心，专注在充满奇思妙想的世界中呢？虽然有人说胡思乱想会使注意力变得不集中，但这恰恰体现了从不同角度观察世界的创造性思维。

### 4. 给孩子独处的时间，让孩子发现更有创意的游戏。

大家通常认为，孩子在幼儿时期需要父母陪着一起玩，或是需要玩具陪伴左右。但实际上，在父母不介入的游戏中，或者不提供玩具的时候，孩子反而可以更加充分地发挥想象力，尽情地玩耍。孩子必须经过一段独处的时间，才能产生玩耍的创意。但很多父母都受不了孩子无所事事或出神发呆的样子。对孩子来说，在空闲的时候才能思考如何玩乐，才能产生前所未有的创造性想象。请给孩子一段独处的时间吧！让他自己去填满它。

### 5. 体验活动的目的不是学习，而是互动。

很多父母都希望孩子通过参加体验活动来积累丰富的生活和学习经验。但如果把体验活动的目的放在学习上的话，父母就会在活动中忙成一团，不断地说："哇，这个好有趣啊！""快看这个。""快来看啊！"由此来引导孩子参与所有的体验项目。虽然父母希望调动孩子好奇心的心情是可以理解的，但这样做可能反而会阻碍孩子培养兴趣。

父母往往只想着输出，却忽略了和孩子交流。父母要懂得主动退后一步，跟在孩子后面看看孩子感兴趣的是什么，把互动和交流放在首位。孩子做出反应是需要时间的，父母应给予孩子足够的等待时间，站在孩子的视角陪他完成体验。

# 我不想跳芭蕾了！
# 我想去学跆拳道！
## 什么都想尝试的孩子

"老师，我家孩子感兴趣的事情总是不停地变。如果遇到令他感兴趣的东西，他就会放下正在做的事，去学新的东西。"

"芭蕾、足球、乐高、数学、美术……孩子对什么都很感兴趣，但是学的东西太多，日程排得太满，这让我很担心。只是因为孩子喜欢，就都要让他去学吗？"

人对某种事物感兴趣的时间并不长，通常是在3~6个月之间。因此，求知欲强的孩子自然而然会产生广泛的兴趣。为了促进孩子的五感发育，有的父母选择带孩子常去参观文化艺术中心，或是参加丰富多彩的体验活动；有的父母则会针对孩子感兴趣的科目一一报班。不知不觉间，孩子一周的日程表就被填得满满当当。父母一边担心这么多课程会让孩子过于劳累，一边认为只要孩子愿意就应该全力支持。

兴趣是人与生俱来的一种正常情绪，它是基于新的刺激或新的环境而产生的一种即时反应。兴趣发展受到外部环境的影响很大，因此适当地调节周边环境是非常重要的。通过外部的支持以及与父母的互动，孩子能够有机会体验各种不同的兴趣和快乐。父母可以为孩子提供尽可能多的机会去体验，然后仔细观察孩子的兴趣所在。

阅读、绘画、科学实验、雕刻、唱歌……或许您的孩子对其中的某一项很感兴趣。孩子在体验过多种活动之后，会对某一特定领域产生兴趣，在这个过程中我们可以发现他的天赋。

## 孩子什么都想尝试的潜在心理

兴趣的持续时间很短，什么都想尝试一下的孩子到底在想些什么？对于乐趣和幸福感需求较强的孩子，无论接受何种教育，他们做选择的动机往往都来自兴趣。因此，他们在感到事情变得无聊，或好奇感有所降低时，就会对现在喜欢的事物失去兴趣。

如果孩子认为自己已经充分了解了某种事物，那么他就容易对其失去兴趣。同样地，如果孩子认为自己某项技能的水平过高或过低，他也会对其失去兴趣。因此，当他看到其他更感兴趣的事物时，就会立刻转移兴趣。对于玩具，如果缺少可以联想到的"故事"，他就会很快感到厌倦。如果某个玩具在跟父母互动的过程中没有被赋予新的故事情节，那么他对这个玩具感兴趣的时间就会大大缩短。

> 妈妈，这个没有什么新意。虽然一开始的时候感觉很新奇，但玩几次就知道怎么玩了。现在我想玩点新的，肯定还有其他好玩的东西。我对其他东西也很好奇，有太多东西令我好奇啦！

什么都想尝试的孩子喜欢探索新鲜事物,一旦熟悉之后又会想去了解其他新的东西。这样的孩子比起深耕一个领域,更喜欢广泛地学习和尝试。他们对世界充满了好奇,并且认为学习新东西的过程是快乐的。

## 帮助孩子正确培养兴趣爱好的方法

如果孩子感兴趣的事物很多,但感兴趣的时间却很短,我们该如何帮助他正确地培养兴趣爱好呢?以下几点需要充分注意。

**1. 要考虑孩子的兴趣爱好是否与孩子的发育水平相匹配。**

当孩子自己感兴趣,想要学习某种新事物的时候,家长要考察一下这项兴趣爱好是否与孩子当前的生长发育水平相匹配。如果孩子的身心发育水平与这项兴趣爱好不匹配,孩子就容易失去兴趣:身心发育水平过高的孩子往往容易失去好奇心,觉得没有挑战性或者很无聊;身心发育水平不足的孩子则容易因为学习困难而产生挫败感。只有培养符合孩子当前发育水平的兴趣爱好,孩子才能自然而然地集中注意力,并从中获得乐趣。反之,培养不符合孩子发育水平的兴趣爱好,则会令其产生反感或是变得散漫。

因此,不能只考虑孩子的兴趣就匆忙给孩子报兴趣班。在刚开始学的阶段,并非所有的兴趣爱好都是有趣的,所以有必要综合考虑各项因素后做出判断。当孩子说"没意思"的时候,父母要综合了解一下孩子和老师、同学之间发生了哪些事,以及课程的难度是否过高或过低。

**2. 父母要考虑大局，同时把选择权留给孩子。**

养育一个好奇心强的孩子，只要是对孩子有帮助的爱好，父母都想全力支持。但孩子参加的各类活动越多，想要尝试的事情就越多。父母有时会感到非常混乱，不知道到底要满足孩子到什么程度。

虽说父母应当尊重孩子的意见，但孩子年纪还小，尚无法对一切事物做出理性的选择和决定。这个时候，父母要结合孩子的发育水平和自身兴趣来设立几个标准，在标准范围内让孩子做选择。对孩子有求必应，要什么给什么，这并不是一件好事。对孩子来说，拥有一项长期坚持的兴趣爱好是很有必要的。

**3. 孩子的体力和注意力也是重要的考量因素。**

兴趣爱好非常广泛的孩子，他的需求在现实中不可能全部得到满足。考虑到孩子不可能同时学习和消化过多的知识，因此最好先给孩子留出一个月的尝试时间。

再好的活动，也不能操之过急，毕竟过犹不及。无论孩子再怎么想学，也要考虑孩子的时间和体力。大脑是在休息期间储存记忆和知识的，并不是只要不断地参加活动、学习知识，就一定能把它们转化成孩子大脑中的知识。

尤其是在孩子小的时候，跟着太多老师进行学习，有可能会使孩子感到混乱。因为每位老师的要求、表达方式和给孩子的反馈都是不同的。接受能力强的孩子虽然能够应付不同的老师，但稍有不慎就会变得散漫。带着广泛的兴趣去感受固然很重要，但选择一项爱好并长久地坚持下去同样是非常重要的。

# 哇，这个好有趣！
# 哇，那个也好有趣！

## 无法集中注意力的孩子

"老师，我家孩子精力旺盛，一刻都安静不下来。他总是想同时玩好几个游戏，玩具摆得满地都是也不愿意收拾。说要去玩积木，突然又掏出小汽车玩起来，不经意间又能拿出卡片来玩，玩着玩着又把串珠撒得满地都是。他不光在家里是这样，在幼儿园里也没办法集中精力在一个游戏上，我真的很担心。"

当孩子表现得散漫，无法将思维集中在一处时，父母便会焦虑。特别是在幼儿园或学校里，如果因孩子不能集中注意力而被老师单独联系，父母就会更加紧张。其实，在我们咨询室里也经常见到因为孩子散漫、注意力不集中而烦恼不已的家长。散漫的孩子很难集中精力玩一个游戏，交代他们的事情常常要花很长时间才能做完，甚至压根做不完。这类孩子也会因此受到周围人的否定和责备。

孩子散漫的原因大致可以分为三种。

第一种是环境原因，主要表现为孩子受到玩具或媒体的影响。简单易操作的玩具或是电子产品，以及视觉效果很强的多媒体视频，这些都会大大降低孩子的思考能力和大脑活跃度，让孩子丧失沉浸在一种游戏中的动力，进而想要追求更加有趣且刺激的游戏，于是变得散漫。

第二种是父母教育方法的原因。一些天生喜欢追求刺激的孩子往往对周边事物充满了好奇，他们很喜欢通过亲自触摸、移动来进行探索。然而父母往往会限制他们的举动，甚至为此发脾气。孩子习惯了父母大声斥责的场景，在安静的环境中反而会感到焦虑、注意力下降。相反，对刺激感追求较低的孩子，父母为了激发其好奇心而给他过多玩具的话，孩子也会因为无所适从而备感不安，导致注意力下降。总之，孩子缺乏主动性，无法充分发挥自己的能力，就会导致注意力不集中、散漫的结果。

第三种有可能是天生的原因。挑剔的孩子往往对外界的刺激很敏感。孩子开始学步时到处走来走去，大家都以为他是在走着玩，实际上他有可能只是在到处寻找新的玩具。对刚学步的孩子来说，有很多新鲜的东西要看，想要到处摸来摸去是再正常不过的事。但随着孩子的生长发育，无法集中注意力的情况仍在持续，父母就要引起重视了。

## 孩子对什么都感兴趣的潜在心理

散漫的孩子在玩耍或学习上都无法集中注意力，或者容易表现出强烈的感情起伏，比如烦躁、易怒。散漫大多是忧郁和焦虑导致的。这可能是由于孩子从小在父母呵斥的环境中长大，或是经常目睹父母发生争执的场景，或是幼年时家庭关爱不足，或是因事故、灾害受过心理创伤。

> 我好累啊！我心里感到焦虑不安，所以没法安静地待着。我心里很难受，所以没办法集中注意力。请帮帮我吧。

重要的是父母要了解清楚孩子感到忧郁和不安的原因。散漫的孩子大致可以分为以下两类。

第一类，感到焦虑的孩子，在视觉或听觉方面，对微小的刺激都很敏感。这种敏感有可能是天生的，也有可能是成长环境造成的。大部分焦虑的父母无法包容孩子，他们经常催促或训斥孩子，施行压迫式的教育。在这样的环境中，孩子会变成一个内心焦虑不安的人。因此，要留意观察孩子内心是否存在大的情绪波动，生活的环境是否杂乱无序。

第二类，内心忧郁的孩子，也会通过各种活动来表达自己的想法。忧郁的孩子自身能量较低，所以看起来是散漫的，他们不会整理自己的东西，因而其周遭乱成一团，在幼儿园里几乎不参加游戏或集体活动，遇到自己认为无法解决的事会一边抱怨一边哭泣。孩子无法将自身难以承受的怒火发泄出来，只能自己消化这些情绪。正因为这样，孩子才会看起来很散漫。他们也会因此遭到不明真相的父母或者其他大人的斥责。我们必须对孩子的焦虑和忧郁表示理解并给予包容。与其不断地催促孩子，不如听孩子讲讲他的难处，帮助他妥善解决自己的问题。

## 帮助散漫的孩子找到安全感的方法

留心观察孩子就会知道，他到底是循序渐进型的孩子，还是学会一项技能之后很快就产生厌恶情绪的孩子。如果是后者，父母就需要努力让孩子产生心理上的安全感，从而纠正散漫的问题。

### 1. 营造和谐的家庭氛围。

在和谐的家庭氛围中，孩子的行为会变得冷静和理性。确实需要批评孩子的时候，父母要做到坚定而严厉，但不要大吼，也不要责备，更不要体罚。大吼或责备式教育会使孩子注意力降低，焦虑加重，从而导致行为变得散漫。父母可以时常回顾一下，看看自己的言行是不是真的对孩子有帮助。很多父母自认为"为了孩子好"而训斥或体罚孩子，结果却导致孩子内心焦虑不安。

### 2. 找到孩子的闪光点。

即使是散漫的孩子，他的身上也有闪光点。他们感情丰富，具有幽默感，同时拥有强烈的好奇心。

他们学习新事物的速度很快，并且颇具创造力。父母要帮助他们发挥自己的闪光点，避免孩子做出消极负面的行为。帮孩子找到他身上的优点，给他一个能够充分散发自己的能量与活力的机会。

此外，父母可以向孩子袒露自己的想法，给孩子一个主动纠正不当行为的机会。比如，我家孩子曾喜欢从幼儿园的小山坡上滑着滑板车下坡。我是这么对孩子说的：

"我知道像滑雪橇那样滑滑板车下坡很有趣，令你很开心，看到你这么勇敢，妈妈也很激动。但我也会非常担心你：从山坡上滑下来时，万一突然有车开过来，或者你从山上摔下来受伤，那该怎么办？为了你的安全，我们约定一下，你只能在平地上滑滑板车，或者去专门练习滑板车的安全场所滑。"

这样做的话，孩子既没有受到批评，又知道了该如何主动纠正自己的行为，同时他还能感受到自己得到了父母的尊重和理解。

**3. 一件事只交代一次，并给予及时而具体的表扬。**

我洗碗时有时会叫孩子帮忙。

"把筷笼和水桶拿过来。"

当然，这种话孩子听不进去。

说话时父母必须和孩子对视，一件事只交代一次。让注意力不集中的孩子同时接受两个指令是很困难的。给一个散漫的孩子布置量太多或耗时太长的任务，他会立刻产生反感，最终放弃去做。最好只给他一个具体的目标，布置一个简短的任务。

指示的内容必须简单明了，较长的语句会使孩子的注意力降低。也可以让孩子把父母说过的话复述出来，这样做有助于孩子熟悉父母交代的事情，进而更好地付诸行动。

如果看到孩子付出了努力，父母一定要及时提出表扬。注意力偏低的孩子需要在不断的称赞和鼓励中成长。天下没有完美的孩子，要相信我们的孩子正在发挥自己的潜力一点点慢慢地成长。

**4. 面对孩子冲动的行为，要保持冷静。**

孩子有时会突然伸手打父母，这时要抓住他的手，看着他说："不可以，这样会把爸爸打疼。"虽然这真的不容易做到，但比起大发雷霆，最好努力让自己保持冷静。在孩子行为过激的瞬间要及时制止他："好了，停下来吧！"当孩子适当调整自己的力量时，要立刻给予鼓励。

孩子玩得太过头且拒绝调整，以至于对周围人造成伤害或出现安全隐患时，必须制止他的玩耍行为。这时，不要对他进行长篇大论的说教，而要用平稳但坚定的语气简洁明了地告诉他。

"在滑梯上往上爬是很危险的，你可能会摔下来受伤。如果不从梯子那边走上去的话，你就不可以再玩滑滑梯了。"

精力旺盛的孩子尤其容易在玩耍过程中做出不当的行为。因此，游戏前参考以下几点提示是很有帮助的。

### 1. 营造有助于集中注意力的玩耍环境。

散漫的孩子很容易被周围的环境吸引，因此，要把周围有可能干扰他的东西尽量减少，营造一个能够使他最大程度集中注意力的环境。不要在游戏房里陈列过多的玩具，最好把它们存放在带有盖子的箱子里。玩的时候也不要一次性拿出太多玩具，一次只玩一个比较好。另外，比起博物馆或美术馆这样较为安静的场所，尽量多去游乐场这样能够让孩子释放能量的地方。

### 2. 把游戏的主导权交给孩子。

父母也许认为陪孩子玩这件事就是要积极地介入孩子的游戏或是不断地对孩子说话。但这样做其实不如在一旁默默关注孩子的举动，只在孩子提出需求或主动搭话时给予回应即可。

我那 6 岁的孩子会一边说着"妈妈，一起玩吧"，一边拉着我的手向游戏房走去。说是想让我和他互动玩游戏，但实际上他希望我按照他的要求和指示去做。原来他只是希望妈妈在一旁看着自己玩，时不时地跟自己说说话。虽然孩子不总是按照相同的方式去玩，但当孩子想掌握游戏主动权的时候，一定要满足他。不能因为互动是好的沟通方式，就时时刻刻跟他说话，介入他的游戏过程。

　　当然，也不是说把游戏的主动权给孩子，然后放任他一个人在那里玩就可以了。抱着"在旁边坐着就行了"的想法而在一旁玩手机的话，孩子就会觉察到父母并不想加入自己的游戏。希望掌握游戏主动权的孩子往往也非常想让父母在一旁看着自己玩，听自己说话。虽然父母忙于家务，要做的工作有很多，但还是希望各位能够每天抽出 20~30 分钟的时间，放下手机专注地陪伴孩子度过愉快且充实的亲子时光。

### 3. 尝试和玩偶一起玩角色扮演游戏。

　　2021 年，英国卡迪夫大学（Cardiff University）研究团队发布了一项研究结果，研究的是孩子和玩偶一起玩耍时以及孩子使用平板电脑玩耍时的大脑变化。结论是，孩子使用平板电脑时虽然可以跟游戏中的角色对话，但并没有进行角色扮演游戏。相反，孩子在角色扮演游戏中和玩偶互动，通过和玩偶"沟通"，可以将别人的想法、情感和心情的有关信息内在化。

　　大脑扫描的结果印证了孩子和玩偶在言语沟通的过程中，大脑后部和顶部的活动会增加。大脑后部和顶部是担任社会性发展和情感发育功能的区域。也就是说，和玩偶进行角色扮演游戏能够提高孩子对社交和情绪的处理速度，形成共情能力和社会性能力。散漫的孩子对外部的刺激更加敏感，因此在玩耍时更要注意。

**4. 将能够自由活动身体的游戏和明确设置规则的游戏以适当的比例合理分配。**

虽说为了让孩子释放能量，给他们自由玩耍的时间是必不可少的，但为了纠正孩子散漫的行为，设置一些有明确规则的游戏也是很有必要的。注意力不集中的孩子往往不会思前想后，而是按照自己当下的想法立刻行动。这种冲动的性格经常使他们惹麻烦、挨批评，或是跟同龄人产生矛盾。想要改变这种冲突性强的性格，就得提高自我调节能力，为此孩子首先需要学会的是"延迟满足"。

所谓"延迟满足"，是指甘愿为更有价值的长远结果而放弃即时满足的抉择取向，以及在等待期中展示的自我控制能力。肢体游戏有助于培养延迟满足的能力，我推荐"123木头人""开始和停止"这类游戏。起初，孩子也许不能很好地做到延迟满足，也可能会违反规则，但还是要坚持多试几次。父母要尽量耐心亲切地帮助孩子找到掌控身体力度的方法。无论孩子有多么强烈的意愿去挑战，也只能允许他玩与其身体承受能力相当的游戏。与其做有求必应的父母，不如做包容而民主的父母。

自由放松的游戏虽然能够减压，但对散漫的孩子来说，它起不到大的作用。利用面粉或海带等材料做游戏的时候，并不是让孩子拿着材料随便玩玩就结束了，而是要和孩子共同使用材料完成一件作品，最后再一起把材料收拾干净。像堆积木、涂色、连线、拼图等有明确参考答案的游戏，坐下来安静地玩对孩子也是很有帮助的。如果能够将不同风格的游戏合理搭配起来玩的话，对培养孩子的自我调节能力也是有益处的。

我讨厌妹妹!
如果没有妹妹就好了。

第四章

# 针对使用主导型语言的儿童

促进自我调节能力的肯定式倾听法

稚嫩的话语中,隐藏着孩子真实的内心。

"也请同样地对待我吧!"

"为什么不来陪我呢?"

"快看看我,我连这个都做出来了。"

"我来！""这是我的！"有的孩子非常善于表达自己的意愿。"我生气了。""我讨厌弟弟。"有的孩子会非常直白地表达自己的情绪。还有的孩子哪怕父母只是提高一点点音量说话，他们也会敏感地觉察到"爸爸妈妈，你们可能在吵架"，然后试图阻止父母发生争吵。

　　主动表达意愿、不隐藏自己的情绪，以及想要调停矛盾的孩子，通常自我意识很强，喜欢挑战。这类孩子在集体或朋友关系中往往可以担任领导者的角色。如果这类孩子的朋友追随他们的话，他们可以摸索出各种方法带领大家开心地玩耍。由于他们总是能够积极地应对各种情况，所以他们的兄弟姐妹或朋友能够获得被保护的踏实感。他们意志力强大，无论身在哪个集体，都能给他人一种强烈的归属感。他们与人沟通时也会直截了当、不拐弯抹角。

　　但另一方面，当朋友们不同意自己的意见时，他们会立刻感到消沉，或是拒绝朋友提议的游戏而选择自己一个人玩。由于这类孩子在朋友关系中表现出较强的统治意愿，因此对他人欠缺一些关怀。

这类孩子往往会苦苦思索如何让自己在决策中立于不败之地，他们追求权威和力量。因此，父母在和这类孩子相处时，如果设置明确的界限和秩序，反而会让他们易于接受和感到舒适。只要把能做和不能做的事、喜欢和讨厌的东西、大人和孩子以及兄弟姐妹的次序等界限为他们明确地指出来，他们在建立关系时就会收获安全感。

可以通过下面几个问题来了解这类孩子常用的主导型语言。

- 妈妈和别人做什么事情的时候你会生气？
- 妈妈做哪些事的时候，你认为妈妈把你的意见听进去了？
- 妈妈做哪些事的时候，你认为是按照你的意愿去做的？
- 1分到10分，评价你随心而为的程度，你给自己打几分？

如果你的孩子经常使用主导型语言，不妨直接问问他最喜欢说哪些话吧！

主导能力大部分是在6岁左右形成的，到12岁左右基本固定下来。想要培养孩子的主导能力，重要的是要从婴幼儿时期开始就把小事的选择权交给孩子。《3~5岁年龄段的Nuri课程》中也强调，要为幼儿规划和提供能够使其自发、积极参与的游戏内容，为幼儿创造制订计划、选择、执行和评价游戏的机会。

所谓"主导能力"，就是孩子独立选择课题并将其执行到底的能力，其中包括计划、选择、决策和推进等过程。孩子在这个过程中能够获得成就感，认识到自己的核心地位。自我主导能力包含感知他人情绪的能力、自我调节的能力、与人沟通的能力，以及把个人想法和计划坚持不懈执行到底的能力。

在收看了2014年韩国EBS电视台的一档纪录片《幸福的条件——去福利国家》第四集《保育篇》之后，我内心受到了很大的冲击。法国一个婴幼儿保育机构里的午餐是自助餐，视频里1~2岁的孩子分别用餐盘盛着符合自己食量的午餐，而这样的安排，就是为了培养他们的自我主导能力。

虽然这样吃饭需要花费更多的时间，但父母并没有对此感到不满。因为父母认为培养孩子主导能力的教学，有助于帮助孩子更好地适应将来上学后的环境。虽然对3~5岁的孩子来说，在学习上需要帮助的话，大人也是可以介入的，但对有独立学习能力的孩子来说，父母要学会给他们出题，这样有助于培养孩子的自主学习能力。

在韩国，自主学习的话题一度成为教育界关注的焦点。当时，各个辅导班都打出了"自主学习"的标语来吸引学生。如果不是像纪录片里的那家法国婴幼儿保育机构那样，从婴幼儿时期就让孩子学着自己做选择，到了小学阶段，很难一下子培养出孩子的自我主导能力。

此外，处在右脑发育时期的孩子要多观察别人的表情，才能在认识和表达不同情感的过程中成长起来。

自我调节能力是指个体改变自己的心理状态以适应环境要求的能力。自我调节能力促使个体不会做出冲动的行为，而是采取有价值的行动，这也是个体实现社会化的核心。自我调节能力出色的孩子可以选择并决定符合自己意图的行动，一旦能够对自己的感情和行动产生清晰的认知，就能更加客观地控制和调节自己的精神世界。如此重要的自我调节能力，我们可以通过孩子的语言来培养。

# 我来做，我能做到的！
## 有独立自主能力的孩子

天生主导能力强的孩子往往想要掌握事情的决定权。那是我家老二2周岁时的事了。只要他去洗手间，不超过10秒就会大喊"妈妈"。有一天，他进去了半天也没有喊我，我觉得有些奇怪，于是到洗手间去察看。我一打开门，就看到卫生纸被抽出很长一截，乱七八糟地垂在地上叠成一堆。当时，他的小手还擦不到屁股，但他想要自己试试看，于是就自己去抽卫生纸，抽着抽着就玩了起来。虽然在这种情况下，孩子的行为很容易被认为是故意调皮捣蛋，但我询问了他一下后便发现，其实另有原因。原来，孩子只是想要挑战"自己擦屁股"，觉得独自完成这件事会很酷，只不过受身体发育程度的限制，他暂时还无法独立完成罢了。

"对现在的你来说，自己擦屁股还有些困难，等你再长大一些就好了。现在你暂时还需要妈妈的帮助，等你的胳膊再长长一些，妈妈会教你的。"

孩子过了2岁之后，最明显的变化就是自律性和主导性的发展。这一时期的孩子会明确地表达自己的意愿。"我来，我来！让我来！我自己可以的！"这些话意味着孩子进入了独立探索和对新环境产生兴趣的时期，这也是孩子自律性和主导性进一步发展的信号。虽然从发育阶段来说，这是非常自然的事，但对孩子来说却是十分重要的阶段。

当孩子表示自己一个人能做的时候，父母往往是欣喜的。因为在此之前，父母已经为孩子做了太多，所以当孩子独立能做的事情越来越多时，父母自然会感到开心。对父母来说，孩子绝对依赖自己的时期已经过去，现在孩子已经可以独立做很多事了，并且一旦因此有了自信心，就更愿意独立去做更多的事，家长也会为此而自豪。

不过步入了这一时期的孩子，在很多时候还是搞不清到底什么事能做、什么事不能做。即使向他们说明，他们也不一定能很好地理解。他们也经常弄不清楚安全与危险的边界。因此，父母有必要给他们讲清楚应当遵守的规则和应该培养的习惯。

孩子表示自己想要独立做事的想法固然是可喜的，但随着孩子主导性和自律性的产生，父母反而会更加辛苦。孩子想要自己吃饭，于是把饭撒得到处都是，甚至搞不清饭到底是喂给了嘴巴还是喂给了地板。按电梯按钮、穿衣服、开门等这些日常生活中的琐事都任由他自己来做，这些时候往往会让父母感到疲惫不堪。如果父母代替孩子去做，孩子则会生气地大喊："让我来！我都说了让我来做！"

看到孩子这个样子，父母往往会觉得他是在耍性子。站在父母的立场上，只是想要快点结束眼前的事，进入下一件事，所以很少给孩子机会去做。有时，父母看着孩子笨拙的操作也会感到急躁。但喊着"我来！我来！"的孩子正处于尝试独立完成吃饭、洗碗、搭积木等事的初次挑战过程中。因为这是孩子刚开始尝试独立完成的事,所以他们很有可能出现失误或失败,甚至在面对一些较难的事情时,可能多次尝试仍无法成功。这时,孩子难免会感到受挫,或许会产生"是我的问题,我不行"这样消极的想法。父母要给予孩子温暖的鼓励,告诉他"没做好也没关系,勇于尝试和挑战才是最棒的"。

相反,也有一些孩子几乎从不会说类似"我要自己做"的话。这种情况下,父母反而要询问"你要不要试一试?",主动把机会留给孩子。但这样做并不是要求父母减少和孩子在一起的时间,强制他所有事情都要独立去做。那样并不是在培养孩子的独立自主能力,而是一种放任和放弃。当孩子遇到困难请求帮助的时候,父母要成为那个可以和孩子一起渡过难关的人。

认可孩子的努力,并对孩子在努力过程中遇到的困难给予共情和关爱,才能让孩子在自我主导能力的驱动下,一步步向前走。尤其是在孩子 25~48 月龄时,发挥自我主导能力所进行的智力开发,会使多巴胺回路更加活跃,能促进负责语言和逻辑能力的左脑进一步发育。同时也能促进额叶发育,使孩子更加积极,有更强的耐挫力。

### 孩子什么都想自己做的潜在心理

什么都想自己做的孩子,其实是想要确认自己能够独立思考和行动。他们想得到父母的肯定,以此来证明自己能力强,收获自豪感、愉悦感和成就感。

> 我什么都可以做好。快看看我，我连这个都能做好。做完之后，我感到非常自豪。下次我还要自己做。

升入小学后，孩子想要获得父母认可的欲望会进一步增强。他们会对自己能够做到的事感到自豪，反之也会产生"朋友都可以做到，为什么我不行"的自责情绪。孩子失败时，不要指责他"你怎么连这个都做不好"，要鼓励他积极地继续尝试，告诉他："你做得不错，下次再试试，一定能做得更好。"

## 如何培养出具有独立自主能力的孩子

虽然一个什么都不愿意自己做的孩子会让父母时常感到郁闷，但什么都要求自己来做的孩子，养起来也十分不易。因为具有强烈主导倾向的孩子听不进去别人的意见，所以父母很难对他的行为进行限制或训导。孩子想要努力靠自己解决问题固然是好事，但父母应该对孩子放手到什么程度、什么时候需要出手干预，这些都不容易把握。

随着孩子的成长，他能够主导自己做的事越来越多，他会学着为自己的选择负责，在这个过程中错误是不可避免的。但随着孩子会做的事情增多，向他讲明一些注意事项，也是很有必要的。与其粗暴地告诉他"不可以"，不如提醒他"要为自己的选择负责"。并且，要明确地告诉他，做出这个选择有可能会造成什么样的影响。

想要培养出自我主导型的孩子，需要给孩子三个机会。

**1. 尝试的机会。**

因为是第一次独立做事,所以孩子不熟练是再正常不过的。给孩子充分尝试的机会,在一旁耐心等待,对父母来说,这是不容易做到的。但如果无视孩子,父母代替孩子去完成,主导型的孩子则会哭泣、发脾气,甚至感到受伤。只要孩子想做的事不危险,就没必要对他进行过度干涉,不然,会打击孩子的自我意志。

当然,在忙碌的早晨由父母来主导事务,能做到既快又有效率。有时,父母虽然会给孩子尝试的机会,但看着孩子动作慢,又会忍不住在旁不断催促。请记住,孩子的尝试和父母的等待,在培养孩子独立自主能力的过程中是缺一不可的。孩子需要从小时候起,就从自己的想法、主张和行动中获得成就感。

**2. 选择的机会。**

在孩子小的时候,让他对一切事情做决定,不如让他在两三个选项之中做选择。随着孩子逐渐长大,给他的选择范围可以逐渐放宽。幼儿时期是孩子开始学习如何做选择的阶段,因此,需要多花费一些时间,给予孩子足够的耐心,并多给他们一些机会。这样他们不仅会明白应该如何进行选择,也会在这个过程中摸索出自己的标准,然后在进行选择和获取成就感的过程中成长起来。

例如,如果前一天晚上临睡前,就定好了孩子第二天要穿的衣服或鞋袜,可到了第二天早上,孩子突然改变了心意,我们可以再提出一套穿搭方案,让他从两个方案里面挑选一个。这样做,一方面可以让孩子根据自己的意愿进行选择,另一方面可以让孩子高效地做出决定。父母还可以问问孩子为什么选择穿这套衣服和鞋袜，并给予他积极的反馈。

可能孩子的选择并不是父母想要的，但尊重孩子的选择是培养孩子独立自主能力的基石。等孩子长大一点之后，可以让孩子选择自己想吃的菜，和孩子一起烹饪。哪怕食物的味道不佳，烹饪的过程中手忙脚乱，但烹饪的过程既可以让孩子体验为自己的选择所承担的责任和困难，又可以让孩子获得成就感。无论是整理鞋子、整理衣橱、帮厨等这些琐碎的日常事务，还是旅行、外出就餐、购物，都可以适当地把选择权交给孩子。

**3. 失误的机会。**

一个缺乏经验且尚在成长中的孩子，出现失误是非常正常的事。各位父母刚开始带孩子的时候也曾出现过很多失误，不是吗？要对孩子的失误抱以宽容的态度，给他们重新尝试的机会。比如，如果孩子选择了一件和当季并不相符的衣服，不要直接告诉他"这件不行"，不如问问他"为什么想要穿这件衣服出门？"，然后耐心地向他解释为什么在夏天穿冬天的衣服不合适。

如果孩子还是执意选择与情况不符的东西，那么应允他一次也没什么不可以。如果不停地指责孩子的选择是错误的，孩子就有可能无法把自己的选择和自身区分开，从而认为不是自己的选择出了错，而是自己犯了错。虽然是为孩子考虑，但结果却会让孩子感觉到"我做不到"或是"我什么都做不好"。

如果孩子多次犯同一个错误，父母就要告诉他如何做才是正确的，最好能给他一个正确的示例作为参考。经历过失败和多次尝试后，孩子能够做到的事会越来越多，孩子的自信心和自尊心也会逐渐增强。孩子在挑战的过程中，会摔倒然后再站起来，最终在一次次的磨炼中逐渐强大起来，请父母们为了孩子的健康成长做好坚实的后盾，给予他们充分的激励吧！

"没关系，这样很正常。你是因为没做好而伤心吗？没事的，要不要再试一次？"

激励孩子的时候，最好能对孩子独自努力的过程进行具体的称赞。

"原来你是想自己试一试啊！"
"你可以自己用筷子吃饭啊！"
"你可以自己刷牙啊！"

手把手地教孩子做事，不如鼓励他独自去完成。比如，对正在整理玩具的孩子说"这些玩具应该放在那里"，不如夸奖他"哇，你自己把玩具都整理好了啊"。

## ★培养独立自主能力的注意事项★

虽然给予孩子尝试的机会、选择的机会和失误的机会是十分重要的,但也要给孩子制定好明确的标准。以下是培养孩子独立自主能力的过程中需要注意的事项。

> 1. 要明确告诉孩子与安全相关的禁止事项。

孩子想要独自尝试的想法是好的,但他们年纪尚小,还不能完全清楚地认识到什么是危险的,哪些事是绝对不可以做的。比如,站在灶火前做饭、用水果刀削苹果,或是接饮水机里的开水等。此外,孩子上小学后交了新朋友,有可能会发生和朋友们四处乱跑的情况。所以,一定要明确地告诉孩子哪些事是绝对不能做的。

无论孩子再怎么强调"我来",只要是与危险相关的事情,都应当断然拒绝,并向他解释清楚原因。这时,父母可以告诉孩子这件事什么时候可以做，比如到他几岁时才可以做。

> 2. 在与培养生活习惯息息相关的事情上，不要把选择权交给孩子。

父母有时为了尊重孩子的意见和想法，就连孩子必须做的事也让孩子自己做选择。也有很多事情即使孩子不愿意做，家长也会说"这个必须做"。虽然每个家庭的情况各有差异，但都有各自认为重要的生活习惯需要养成。尤其是像每天按时上学和刷牙洗脸这样必做的事，不是一定要把选择权交给孩子。只要是无条件必须做的事，父母就应该坚定地告诉孩子"这件事必须做"，并让孩子按照父母的要求去做。听到父母坚定严肃地说出来，孩子也会感受到这件事和其他事的不同，是"必须做的事"，从而了解到这件事的重要性。

# 你为什么不听我的话，我生气了！

## 一不顺心就发脾气的孩子

"爸爸，我说的事情你为什么不让我做？！为什么总是说不可以？！哼，我生气了！"

只要不顺着自己的意愿就发脾气，或是一切都要随心所欲的孩子，通常被认为是自我主张强烈、以自我为中心的人。其实，孩子以自我为中心的行为是幼儿时期特有的表现，也是生长发育过程中十分正常的现象。幼儿希望他人能够从自己的角度看待和理解自己，希望别人清楚地认识到自己的存在。这一时期的孩子在社会关系方面尚不成熟，无法站在他人的角度理解问题，只希望别人能够满足自己的意愿。比起选择的过程，他们更在意结果。所以，他们看似主动，实际上在理解他人的想法方面非常不成熟。所以，一旦遭到反对，他们就容易退缩甚至放弃。父母越想控制孩子，孩子就会越坚持自己，与父母背道而驰，还有可能与父母形成对峙局面，跟父母较劲。

孩子以自我为中心的行为，从原因来看大致可以分为三种。

第一种是还没有足够的能力区分自己的东西和别人的东西。

第二种是在与人交往中，分享、谦让和互助的经验还不够。

第三种是由于受到了过度的压抑，形成欲求不满和逆反心理。虽然这与以自我为中心的原因略有不同，但有一点是相同的，那就是一旦没有得到想要的东西，孩子就会发脾气、耍性子。具体主要表现为在公共场合不愿意遵守规则和礼仪，或是在社交过程中不愿意合作，只想竞争。

这种时候，父母很容易感情用事。比如，当兄弟姐妹间因为看哪个电视节目而起争执时，父母有时干脆把电视一关了之。有时，父母也会忽略孩子的心情，在人多的场合对孩子横加训斥，或是揪住孩子的错误不放，强硬地制止他的行为。还有些父母对于孩子的同一个行为有时表现得毫无反应，有时又会严厉地批评，在教育态度上没有秉持一贯性。

想要具备独立自主能力，首先要做的就是对自己有一个全方位的了解，即正确的自我认识。比如，在自己生气或产生负面情绪时，能够清楚地知道"啊！我现在是在生气啊！"，即能够察觉自己在何种状况下会生气。生气是一种非常强烈的情绪，因此会以非常强烈的形式表现出来。

当事情不合自己的心意时，孩子会感受到多重复杂的情绪，并且几乎都是以生气的样子表现出来的。需要记住的是，当一个人生气的时候，一定会对周边的人造成影响。不过生气的人表现出不同的状态，其造成的影响是不一样的。如果父母是怒火中烧的状态，那么孩子的火气会蹿得更高。但如果父母是镇定自若的状态，孩子即使生气也会接纳父母的话。

有时，孩子生气时会对父母大喊大叫，甚至动手。面对这种情况,很多父母会毫不犹豫地教训孩子一顿。但如果孩子生气时不能对家长表达的话,又该去哪里、对谁表达呢?如果孩子拿自己撒气的话,可能会在地板上打滚,甚至用手抓破自己的脸。想必这样的场景,也是父母不愿意见到的。如果孩子不对自己撒气也不对父母撒气,而是对别人撒气的话又会怎么样呢?在我看来,孩子对父母发脾气这件事,说明孩子本能地认为这样做是最安全的方式。

### 孩子爱发脾气的潜在心理

孩子生气时,父母会想着纠正他或是教育他。但在这个过程中很容易爆发争吵,父母甚至会受到孩子的情绪影响,也生起气来。与其跟孩子一起生气,不如先冷静下来找到孩子生气背后隐藏的心理和情绪。孩子在发脾气时,往往会产生想哭、郁闷、不安、害羞等多种反应。在这些反应的背后,则隐藏着害怕、悲伤、恐惧、疲惫、苦恼等多种原因。

> 我想买神奇宝贝卡片,为什么不给我买?朋友们都把自己的卡片带去幼儿园展示,我也想带。大家都拿自己的卡片在一起玩,可是我没办法加入,我好难过。最近我感觉很累,总是担心大家不跟我玩。所以,不给我买卡片我就非常生气。

对孩子来说,"下次再买"这样的话他是听不进去的。他想现在、立刻、马上买到自己想要的东西。于是,在各种复杂情绪的驱使下,得不到想要的,他就会大喊大叫,甚至动手。

## 应对孩子发脾气的方法

独立自主意识强的孩子具有换位思考、包容和自我调节的能力。当孩子发脾气时，父母的应对方式决定了孩子的情绪调节效果。

**1. 把孩子发脾气视为一次对孩子加深了解的机会。**

孩子发脾气的时候，请先把忠告和教导放在一旁。无论多好的忠告和教导，都既不能浇熄孩子的怒火，也无法被生气状态下的孩子听进去。父母虽然会辛苦一些，但请尽量默默地在旁忍耐一下。没有必要为此大发雷霆或干预孩子，不要像干柴烈火一样一点即燃，要相信孩子这样做一定有他自己的原因。

再进一步，把孩子发脾气当作一次对孩子加深了解的机会。从这个角度来看，这也不失为一件值得感恩的事。孩子愿意表达自己的情感，对父母来说，就是一次了解孩子的宝贵机会。父母会了解到什么情况下孩子会发脾气，孩子发脾气是想表达什么样的情绪。虽然从表面上看起来都是孩子在生气，但其中隐藏着孩子多重复杂的情绪。

当孩子和父母都在气头上的时候，孩子便会逃之夭夭，把自己的心门关上。只有父母的安慰和鼓励才能让孩子袒露真心，才能让不知道自己为什么会生气的孩子察觉自己的真情实感。如此，孩子才能平复心情，用言语而非怒火将自己的情绪表达出来。如果孩子从妈妈的语气中听到了含有火药味的话，孩子则很难审视自己的情绪，更别说表达出来了。下次遇到这种情况时，让我们参考下面的方式来沟通，好吗？

"你为什么生气，爸爸是真的不清楚。爸爸想知道你到底怎么了，可以告诉我吗？"

如果孩子把自己生气的原因说出来了，就可以用下面的方式回应他。

"谢谢你把生气的原因如实地告诉爸爸。我现在更了解你一点了，也更能理解你了。"

**2. 等孩子准备好了再沟通。**

等孩子的心情慢慢平复下来之后，再去找他沟通是很好的时机。很多时候，父母一忍再忍之后去跟孩子搭话，结果孩子还没消气，不少父母便会怒吼："差不多得了！"孩子没有立刻消气并不能成为父母发脾气的理由。父母不要把焦点集中在孩子的"火"上，而是要关注孩子的情绪。当然，父母也有表达自己情绪的权利，但等孩子心情平复下来之后再聊也不迟。

"你还没有消气啊？看来你还需要些时间。什么时候你想和妈妈说话了，就来找妈妈，我等着你。"

**3. 给孩子调整情绪的机会。**

独立自主意识强烈的孩子在发现有些事无法独立完成时，就会产生巨大的挫折感。当发现自己堆的积木倒塌了或是不会用筷子时，他们会产生自己能力不足的想法，甚至做出抛扔物体的过激行为。这种时候，在制止他的行为之前可以告诉他"你可以这样做"，先安抚他难过的心情，然后在一旁等待他调整好自己的情绪。接下来，再告诉他以后不能在这样的情况下大哭或扔东西，可以用语言来表达自己的心情。

"妈妈也曾经像你一样不会用筷子。刚开始学的东西，做不好是很正常的。你是想独自把它做好，所以才难过的，对吗？我们明天再试试吧。"

"下次不要再因为做不好事情，心里难过就扔东西，你的语言表达能力很好，这种时候你可以把你的烦恼和难过说出来。"

**4. 父母的身心健康和思想健康比一切都重要。**

在接纳孩子发脾气的负面情绪时，父母既需要充沛的体力，又需要健康的思想。如果感觉自己近来频繁对孩子发脾气的话，那么有必要审视一下，是不是因为自己生活的平衡被打破了。无论是谁，在生活失衡时都容易做出过度反应。如果父母的心理出现了问题，那么和孩子玩的时候不仅身体上会感到疲劳，在思绪太复杂的时候也容易对孩子说出"别烦我"这样违心的话。

父母一定要留出时间照顾好自己，才能在养育孩子的过程中接纳孩子的负面情绪。父母有必要审视一下自己的生活是不是只以孩子为中心。

问问自己，是不是把生活的一切重心都倾向孩子那边了呢？根据孩子的年龄和具体情况，父母生活的重心的确会出现转移，要适当地进行调节，让自己的身体、心灵和思想都变得更加健康。

# 不要，我要再玩一会儿。
# 我不想回家！不要！

## 凡事都随心所欲的孩子

"该吃晚饭了，别玩了，快跟我回家吧！"
"不要，我不想回家。我要再玩一会儿。"
"别看电视了，快去学习吧！"
"不要。弟弟还在看呢，为什么只让我去学习？"

当孩子正在玩耍或聚精会神做某事的时候，突然让他停下去做另一件事，"不要"往往是他们脱口而出的回答。当孩子说"不要"时，父母会感到不高兴。如果是在室外有很多外人的场合下，父母可能还会因此感到没面子而发脾气。若孩子回答"好的"那当然再好不过了，但这样回答的次数是屈指可数的。

那些在父母做出指示后立刻答应的孩子，可能是因为父母的话中有无法抗拒的理由，或是曾经因为拒绝而有过不好的经历。孩子口中的"不要"恰恰是自我意识萌发的早期表现，也是独立自主能力产生后才会出现的回答。因此，当孩子将"不要"脱口而出的时候，父母不要发火，要认识到孩子正处于健康成长的阶段，说"不要"是非常正常的表现。

孩子能够对父母说出拒绝的话，意味着孩子在和父母的相处中能够表达自己的意见了。事实上，父母也经常在孩子希望一起玩的时候，不能立刻做好准备，让孩子听到"等一下，我洗完碗再跟你玩"或是"没看到爸爸在看电视吗？等我看完再跟你玩"这样的话。孩子经历的其实是一样的。所以，当孩子玩得最尽兴的时候突然被要求回家，他们当然会不假思索地说出"不要"这样的话。

## 孩子自我主张意识强烈的潜在心理

父母总认为孩子是在胡搅蛮缠，实际上孩子口中的"不要"背后隐藏着一个复杂的内心世界。

> 我正沉浸在这个非常好玩的游戏中呢！再等我一会儿吧！我没办法在玩得最高兴的时候突然停下来回家。下次请提前一些时间跟我说，这样只需要等一小会儿我就可以做好随时从游戏中退出的准备了。给我一些时间收收尾，我就会回家。

当然，孩子也可能只是因为不想听父母的话，所以才说"不要"。孩子什么都想按照自己的意愿去进行，有可能是因为父母平时总是单方面命令孩子"把这个做了，把那个做了"，还有可能并不是因为要停止游戏回家这件事本身，而是因为父母命令式的口吻让孩子感觉自己没有选择的权利。

> 请把选择的权利交给我。我想自己决定什么时候回家这件事。我也想表达我的意见。虽然我现在不想回家,但我也会因为想吃晚饭而主动提出回家。

孩子不管三七二十一地说"不要",这并不代表孩子没有了解清楚情况。如果父母把选择权交给孩子,孩子完全可以自己决定结束的时间。这是培养孩子独立自主意识和自我调节能力的根本。

## 与孩子平等交流的方法

孩子一味地说"不要",父母一味地表示反对。比起单方面命令孩子,父母要学会在尊重孩子的同时,清晰地把自己的想法传达给孩子。

**1. 当父母有新的提议时,请提前知会孩子。**

在孩子玩兴正酣的时候,有人突然对他说"快回家洗澡",孩子闻之当然会拒绝。这时,如果对他说"再玩五分钟,五分钟之后我们回家洗澡",孩子就会马上为自己即将回家做心理准备。孩子都不喜欢突如其来的命令。试想,临下班的前几分钟上司突然布置了新的工作,或是老家的父母不打招呼就上门来,作为成年人的第一反应是不是也是拒绝呢?

对待青春期的孩子也是一样的。不要在孩子正在玩电脑或手机游戏的时候勒令他马上停止,最好能给他 5~10 分钟做好心理准备。当家长正在看电视或工作的时候,如果孩子要求马上陪他玩,家长也总会告诉孩子等自己结束当前的事情之后再去跟他玩,不是吗?

当我们开始下一阶段的事之前,总是需要一些时间来做准备。正如我们在运动之前要先热身才能保证身体不会受伤一样。特别是在学习之前,更要让孩子有做好心理准备的时间。

### 2. 父母把控全局,小事交给孩子。

"现在六点了。该回家吃饭了。别玩了,快走吧。"在这句话中,回家这件事就是"全局"。但在这个全局范围内,留五分钟让孩子多玩一会儿,要不要再玩几次滑梯这种小事就交给孩子决定吧。这样做能够锻炼孩子独立做选择和决策的能力,并让他学会自我调节。

### 3. 少说"不行",多说"可以试一下"。

当孩子说"不要,我要再玩一会儿,我不回家"时,父母往往会说"不行"。父母会因为孩子不听话而发脾气,孩子也会因为父母说"不行"而生气。毕竟,我们生活在这个世界上,不能做的事情太多了。

即使针对同一件事,比起对孩子说"不行",最好能告诉他做哪些事比较好,向他提议哪些事可以尝试一下。这样有助于更加积极地解决问题。

"你可以再玩 10 分钟滑梯。"
"你还可以再玩 5 分钟。"

# 这是我的！不要动！不给你玩！

## 占有欲强的孩子

"这是我的！你不要拿我的东西玩！"
"这不是你的东西，这是大家都可以玩的。"

在儿童游乐园玩的时候，经常能看到抱着玩具不让其他小朋友玩的孩子。如果父母出面制止，孩子就会哭闹，甚至大发脾气。这时，父母的脸上也会由晴转阴。

其实，孩子心里也明白这里是公共场所，玩具是共享的，但他偏要说成东西是自己的，这是知行不合一的表现。就像父母也都知道从理论上该如何教育孩子，可实际操作时却不一样。

婴幼儿被关照和让步是因为其年纪尚小。当然，父母也想等待孩子自己去解决问题，但当孩子与其他孩子产生矛盾时，还是不得不积极介入。不管如何劝说和教导，如果孩子依然固执地说出"这是我的"，父母就会陷入尴尬和慌乱，并产生诸多想法，比如，"到底为什么会这样呢？""我的孩子是个霸道的人吗？""难不成是我的教育方式出了问题？""其他小朋友看起来都其乐融融的，为什么只有我的孩子是这样？"

1~2岁的孩子会以自我为中心进行思考，在这一时期，他认为眼前的东西都是自己的，孩子有这种想法是正常的。过了24月龄时，孩子会渐渐懂得"自己的东西"是什么概念，但这时他依然不能清晰地区分自己的东西和别人的东西，只能分清楚自己的东西和自己想要的东西。在这个时期，要给予孩子充分的探索时间，他才能对自己的占有欲进行调节，才能逐渐懂得谦让。

要想让孩子跳出以自我为中心的思考模式，最重要的是父母与孩子建立良好的亲子关系。亲子关系良好的家庭，孩子以自我为中心的思考时间就会很短，会很快学会谦让和关怀。相反，如果孩子没有与父母形成良好的亲子关系，心理上成熟较晚，那么他就不容易学会如何谦让和关心他人。如果孩子在做事情的时候，父母总是在一旁阻止他说"不行，危险"，或者孩子感受不到来自父母的尊重的话，那么孩子便会为了守护自己的东西而产生强烈的自我中心意识。父母和孩子一起玩的时候，如果能做出与"这个让妈妈先试试，你可以等我一下吗？"类似的沟通，那么，孩子就会在玩的过程中自然而然地学会如何让步和等待。

## 孩子占有欲强的潜在心理

珍惜和保护自己物品的欲望是人类的本能。孩子之所以认为东西是"我的"，也是有原因的。

> 如果我现在不拿好这个玩具，等下就玩不到了。我也知道这个玩具不是我的东西，但我太想要它了，我想把它拿过来玩。

孩子产生想要拥有的欲望，就意味着他开始明白要珍惜自己的东西了。孩子都知道要跟别人和睦相处，有秩序地在一起玩。但只有当自己想要拥有的欲望被他人理解的时候，孩子才会产生给予的念头。

> 妈妈，我上次玩过这个东西，那它不算是我的东西吗？我上次还可以拿着它玩，为什么现在不行？

幼儿尚处在学习区分"你的东西"和"我的东西"的阶段。此时，父母的教育态度尤为重要。如果孩子在平日里得到了充分的尊重，那么他在跟别人相处时也能懂得他人物品的珍贵，从而产生珍惜、关怀、呵护之心。

## 教孩子学会谦让的方法

了解孩子各个年龄段的发育特征，就能找到与之相对应的解决方案。2~3岁正是孩子以自我为中心的阶段，这时强制他必须让步是无法奏效的。父母要让孩子在一定程度上满足占有欲的同时，教育他如何关怀别人，调节自己的心态。下面，我们就分情况来看一下，如何让孩子学会平衡占有欲，在和他人相处时懂得谦让。

**1. 要求孩子做出让步之前，先满足他对"我的东西"的占有欲。**

"我的东西"不是一种固执而是一种主张。在教育孩子做出让步之前，首先要让孩子确信他能够守住自己的东西。当他有把握守住自己的东西时，也就会做出让步了。

如果孩子有弟弟或妹妹，那么父母在平时的教育中一定会要求孩子做出让步。即使老大才3岁，我们也经常会看到，父母要求他把父母的爱、关注和陪伴的时间让给年仅1岁的弟弟或妹妹。所以，如果孩子在家里是老大，并且喜欢强势宣称"这是我的"，则很有可能跟平时总让他对弟弟或妹妹让步有关。这种时候，不要斥责孩子"你怎么这么贪心？"，最好先安抚孩子，告诉他"这就是你的"。

"弟弟也想摸一下这个玩具，他可以动你的玩具吗？这是你的东西，所以只有获得你的允许弟弟才可以动。"

孩子也许会接着问弟弟想要的是哪一个玩具。如果孩子回答说"想要哪一个玩具都可以"，那么说明他已经做出了自发的让步。如果有朋友要来家里玩，最好事先把孩子不愿与人分享的玩具收起来。

这个玩具的主人就是"我"。让孩子明确地认识到这件事，然后尽可能地鼓励他在愿意时做出让步。这样做，孩子就会慢慢地认识到让步并不是被别人抢走自己的东西，也不会对自己造成损害。

**2. 当孩子为了争抢玩具而发生争执时，可以让他学着共享玩具。**

当孩子正在玩的玩具被其他孩子抢走时，孩子多半会边哭边连声喊"这是我的"。家长这时为了快速止住孩子的哭声，常常把被抢走的玩具再抢回来，然后说"这是我们孩子的东西"。于是，刚才抢玩具的孩子又会哭起来。

那么，这种时候作为家长该如何应对呢？虽然处理方法有很多种，但最好还是想办法让孩子和朋友一起玩。并不是大家共享同一个玩具，而是多带两三个玩具跟大家一起玩。如果是可以拼装的玩具，则可以把零散的部件分享出去，让孩子和朋友一起拼。这样做能够使孩子感受到分享的乐趣，促进其社会性发展。但如果只带了一个玩具，可以尝试和对方沟通一下。

"小朋友，请问这个玩具可以借给我们玩一下吗？"

"这个玩具是你的，能不能借给小朋友玩一下？他等会儿一定会还给你的，可以吗？"

"小朋友，这是我们的玩具，我家小朋友暂时还不想把这个玩具借出去。等他玩完了你再来问他借，好吗？"

### 3. 孩子抢别人玩具时，要对他表示理解，同时明确地告诉他要遵守规则。

如果孩子到了四五岁开始抢别人的玩具，就要明确地告诉他"这是其他小朋友的玩具"。要让他知道抢别人东西是错误的行为。如果孩子不停地哭喊"这是我的"，可以把孩子带到一个只有自己和孩子的独立空间里，等待孩子平复情绪，并告诉他："等你准备好听我说话的时候，告诉我。我等你。"

"我知道你喜欢那个玩具，想玩那个玩具。但那是其他小朋友的东西，不经过别人同意就把别人的玩具拿走是不对的。"

把规则明确地告诉孩子之后，再问问孩子："如果你想玩其他小朋友正在玩的玩具，你该怎么做比较好呢？"给孩子一个自己思考和回答的机会。如果孩子目前仍不能很好地进行自我表达，则需要家长做一些引导。问问孩子是先玩别的玩具，还是等其他小朋友玩完之后再借，或是直接向对方表达自己想玩的意愿。

当孩子哭闹的时候，安抚孩子并对其表示共情，有助于使孩子的情绪尽快平复下来。

"原来你是想多玩几个玩具啊。"

解读出孩子的想法后，还要让孩子站在其他小朋友的角度考虑一下。

"如果其他小朋友不经过你的同意就把你的玩具拿走，你会是什么心情呢？你肯定会很伤心吧！"

每当孩子闹脾气时，父母都耐心地重复这一做法并非易事，但作为父母必须让孩子清楚地认识到：抢别人东西或未经同意拿走他人物品，都是错误的行为。父母不仅要关注孩子的想法，还要让孩子学会换位思考，这样才能让孩子理解他人的情绪并产生共鸣。

# 我讨厌妹妹，如果没有妹妹就好了！

## 渴望被公平对待的孩子

"我刷碗的时候，我家老大突然说：'如果没有妹妹就好了。'我为此吓了一跳，然后训了他一顿，让他以后不许再说这种话了。"

养育着一个 10 岁儿子和一个 7 岁女儿的智仁给我打来电话。她儿子说了那样的话，她不知道是该教训儿子还是该好好劝说儿子。她怀疑自己的教育出了问题，因此心情非常沉重。有弟弟妹妹的孩子经常会问父母"你更喜欢我，还是更喜欢弟弟（妹妹）？"，以此来确认父母对自己的爱，并且常说出一些排斥弟弟或妹妹的话。

发生这样的情况，其诱因往往是孩子认为父母将自己和弟弟或妹妹区别对待了。所以，父母不要急于劝说或教训孩子，首先要做的是消除孩子的误会。

老大误会父母把全部的爱都给了弟弟妹妹，所以才会讨厌他们。并且，为了表达自己强烈的情感，老大会使用更为激烈的语言。这时，有必要向老大解释清楚弟弟妹妹并没有抢走父母的爱，而是因为他们现在还小，所以需要父母花更多的时间陪伴和照顾。孩子对家庭成员之间亲疏关系的误解，父母必须充分消除。

"妹妹并没有抢走妈妈对你的爱。目前妈妈的时间用在妹妹身上多一点，是因为妹妹还小，她现在更需要妈妈的帮助。当你需要帮助的时候，妈妈也会来帮助你的。"

父母往往误会老大只是单纯地嫉妒弟弟妹妹。其实，从老大感觉到父母的天平明显向另一方倾斜时，他的嫉妒心便产生了。在养育的过程中，父母对待老大和老二的态度是否有所不同？对待他们的语气、眼神等是否有差异？如果有的话，那么孩子产生嫉妒心就很正常了。

虽然大部分父母都说自己是一碗水端平的，但根据我过往的咨询经历，我发现父母还是会不由自主地偏爱性格与自己更为契合的孩子，或者因为性别或出生顺序等因素，对孩子进行区别对待。孩子会本能地感受到这些。这并不是没有来由的嫉妒，而是他们感受到了父母在养育过程中的差别。当然，孩子与生俱来的竞争心理也会对此产生影响，但为了缓解这种心理，父母必须做到公平。

明明存在却没有人承认的偏爱，会对孩子造成什么样的影响呢？我通过大量的咨询案例发现，孩子虽然也存在对于自己的未来、朋友关系或性格方面的普遍困扰，但最大的烦恼还是发现父母偏爱弟弟妹妹这件事。认为父母有失公平的孩子比想象中更多。这种影响会伴随孩子的成长，有些孩子甚至步入成年之后还在承受这份心理创伤。

心理学家认为，孩子向父母确认自己是怎样的存在这种心理，是出于动物的本能，孩子还会察言观色，能够根据自己是不是被偏爱的一方而采取不同的行为方式。这会对孩子的成长产生极大的影响。美国杨百翰大学（Brigham Young University）的首席研究员亚历克斯·詹森（Alex Jensen）曾对282个家庭进行访谈，这些家庭中都有2个年龄在10~20岁的孩子，访谈结果显示：感到自己被父母忽略的孩子沉迷药物和烟酒的概率非常高；与未感到被父母区别对待的孩子相比，感到略微被差别对待的孩子沉迷这些不良嗜好的概率高出2倍以上；感到严重被差别对待的孩子沉迷不良嗜好的概率则高出4倍以上。同时，他们被焦虑、自卑和抑郁情绪折磨的概率也比较高。其中，有一些人为了体验"我是一个特别的人"的感觉，极度渴求爱情。

得到偏爱的孩子也并不幸福，在家时父母将称赞与期待赋予他们，而他们走上社会后如果得不到足够的关注，内心便会受到冲击。并且，他们也有可能会因同情被父母忽视或区别对待的兄弟姐妹而产生负罪感，形成心理创伤，甚至有可能成长为不成熟且自恋的人。父母要正视每个孩子的存在，要用行动向孩子证明自己会公平公正地对待每个孩子。

## 孩子讨厌弟弟妹妹的潜在心理

当孩子说"我讨厌妹妹，要是没有妹妹就好了"的时候，父母不要只听字面意思，而要把这句话当作孩子对自己生气的感叹，把这句话当作孩子因为自己难过而发自内心的表达，并给予他适当的反馈。

> 请平等地对待我吧！姐姐有新衣服穿，为什么我没有？你每次都陪弟弟一起玩，为什么没人陪我玩？

父母要让孩子感觉到不需要竞争也能够得到平等的爱。当父母对每个孩子都付出满满的爱时，孩子通过竞争去争夺爱的行为就会大大减少。

## 促进兄弟姐妹之间相互理解的方法

到底该怎样公平公正地对待自己的孩子呢？兄弟姐妹之间的关系也可以说是竞争关系。站在老大的立场上，父母陪弟弟妹妹的时间更多会让他很难过。而站在弟弟妹妹的立场上，让他们难过的是什么都能做得很好的哥哥姐姐不愿意跟自己玩。无论父母怎么做，孩子站在自己的立场上似乎都会感到受伤和委屈。尤其是父母总会对老大过度地强调责任感，告诉他要忍让弟弟妹妹，这样就会让老大把弟弟妹妹视为既幼稚又讨厌的存在，导致老大无视甚至干脆不关心弟弟妹妹。

要想解开兄弟姐妹之间的矛盾，可以尝试下面两个方法。

**1. 角色扮演游戏。**

以故事书里的情节或实际生活中兄弟姐妹之间发生矛盾的经历为基础，让他们进行角色扮演游戏。如果家里有玩偶，也可以让玩偶加入进来。

"妈妈来扮演姐姐,你来演妹妹怎么样?"

角色扮演游戏,能让孩子站在对方的立场上看问题,这样孩子就能间接地体会对方的感受。

**2. 发生争执时,让孩子学着解决矛盾。**

孩子之间因为各种各样的事情发生争执时,父母出面无条件地劝阻或直接发脾气都会产生负面效果。怀有竞争心理的孩子之间发生矛盾,这无论怎么看都是一件正常的事情。不要把竞争完全当作坏事,可以借此机会让孩子学习如何解决矛盾。

"妈妈没看见你们之间发生了什么事,所以也不好评判。你们俩先试着自己解决一下,如果需要帮助的话再叫我来,可以吗?"

通常在父母这样做了之后,孩子们之间就会互相道歉,或是商讨如何解决矛盾。

"你们是怎么解决的?"
"嗯,我把自己做错的地方说出来,向她道歉了。然后,妹妹也为她打我的事情向我道歉了。"

## 爸爸妈妈,你们是在吵架吗?
### 想要调解争执的孩子

我和丈夫坐在车里说话的时候,因为意见不同,所以争论的时候大声了一些。这时,孩子在后座说了一句话。

"爸爸妈妈,你们是在吵架吗?"
"不是,我们两个只是在讨论事情的时候产生了不同意见。"

夫妻日常对话时,经常会因为意见不一致而发生争执。每当这时,夫妻二人的精力都集中在自己的对话中,嗓门越提越高,往往会忽略一旁的孩子。问题是父母说话的声音越大,孩子在一旁就会越害怕。但如果夫妻之间谁也不理谁,陷入冷战,同样也会让孩子感到焦虑不安。

孩子在父母争吵的时候是什么反应呢?有的孩子会安静地在一旁听父母说话,默默地察言观色;有的孩子会积极地给父母当沟通的桥梁,试图缓和局面;还有的孩子则会在一边装作正在认真玩耍的样子。虽然每个孩子对父母吵架这件事的反应各不相同,但在咨询过程中,我发现没有任何一个孩子对父母的争吵是无动于衷的。虽然每个孩子的性格不同，接受事实的方式也有差异，但当父母争吵时，孩子的内心都会感到不安，只是行为表现不同罢了。

## 父母吵架时，孩子的潜在心理

> 不要吵了。你们为什么要吵架呢？你们不是说过让我和弟弟不要吵架，要和同学、朋友和睦相处的吗？我现在感觉很不安，很害怕。
>
> 我的心情也变糟了，你们是因为我而吵架的吗？是不是我做错了什么事情，才让你们生气吵架的？

当孩子问出"爸爸妈妈，你们是在吵架吗？"的时候，内心都是十分不安的，他们很清楚地知道父母正在争吵的事实。

在我做咨询的经历中，孩子常常会主动提起的事件之一就是父母吵架。这意味着孩子想要倾诉面对父母吵架不愉快的心情。当我问起孩子发现父母争吵是什么心情时，他们的回答往往是"害怕""郁闷"，以及"是不是因为我才吵架的"。在孩子面前吵架，往往会让孩子产生忧郁、自责和恐惧等负面情绪。

## 如何让孩子正确看待父母的争执

每个家庭中，父母争吵的方式都是不同的，孩子面对这一状况的反应也是不同的。没有父母愿意在孩子面前吵架。如果没能避开孩子，在孩子面前起了争执，可以参考下面的方式进行处理。

**1. 给孩子展示父母和解的过程。**

站在孩子的立场上，昨天还吵得不可开交的父母，今天却像什么事都没发生过一样彼此笑脸相迎，这会让孩子产生混乱。因此，最好能让孩子看到父母和解的过程。

"昨天爸爸和妈妈因为意见不同吵架了，但后来我们聊了一下，发现彼此都有误会对方的地方。所以，爸爸妈妈都给对方道歉了。"

**2. 吵架后向孩子充分解释清楚，并创造一家人在一起的时间。**

"我们刚才那么大声吓到你了吧？对不起。"

首先，要认识到孩子受到了惊吓。然后，告诉孩子："爸爸妈妈只是对这件事的意见不同，我们并不是不爱对方了，更不是不爱你了。"

如果父母针对孩子的教育问题发生意见冲突，那么孩子会因为听到跟自己有关的事而认为父母是因为自己才争吵的。这时，父母有必要向孩子说明他们发生争吵不是孩子的错。

其实，夫妻吵架后和解并不能立刻使感情恢复。这时，需要安排一些全家一起参与的活动。比如，一起准备些美食去郊游或是出去串门，借此来缓解尴尬，恢复关系。

**3. 寻找夫妻专属的沟通之法。**

很多专家建议夫妻找一个孩子不在的场合来吵架。但大部分的夫妻争吵都发生在日常对话中，突然出现意见不合或伤害感情的言论说出口时，双方往往会在无意间逐渐提高嗓门。当对话过程中彼此的声音越来越大时，突然停下来让孩子走开或是找一个孩子不在的地方继续吵架是不现实的。

一个比较好的方法是停止对话，改用文字进行沟通。用文字写下来的想法和其中灌注的情感会被保留下来，这样有助于缓解自己的情绪，减少对对方的指责。不要抱有必须面对面用语言解决争执，或是立刻分出胜负的心态。虽然也有需要相互协商的事情，但请记住，大部分事物都不是非得要一个明确的评判。

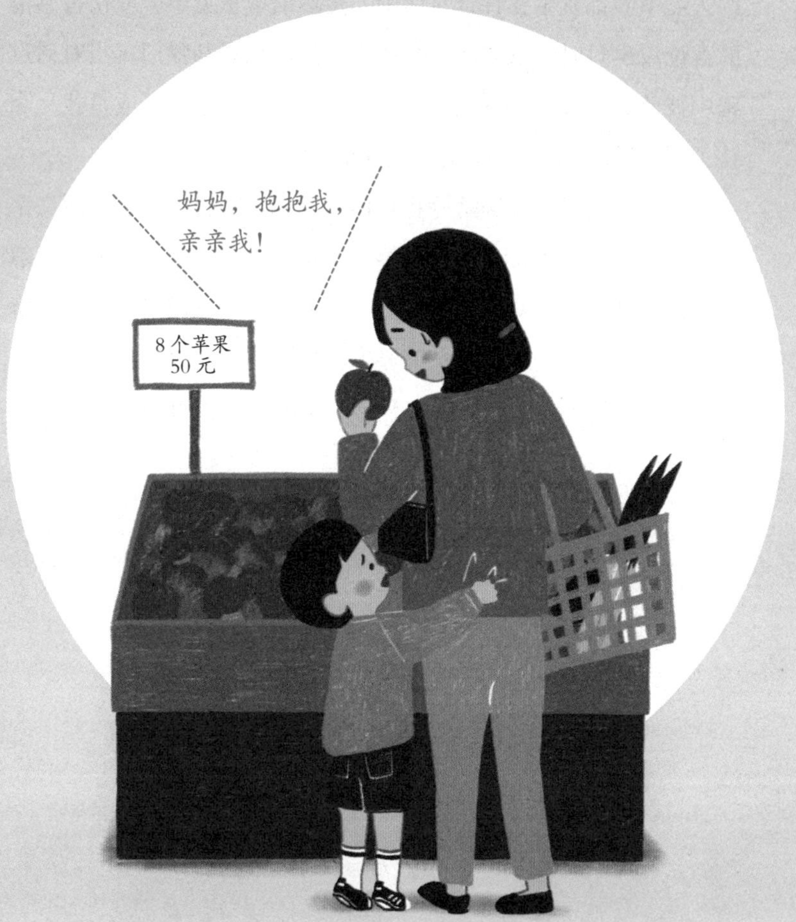
妈妈，抱抱我，
亲亲我！
8个苹果
50元

第五章

# 针对使用渴求型语言的儿童

## 培养健康自尊心的深情式倾听法

稚嫩的话语中，隐藏着孩子真实的内心。

"只要被妈妈抱一下，跟朋友闹矛盾的坏心情就能得到安慰。"

"学习感到疲惫的时候可以从妈妈那里获得力量。"

"妈妈抱我的时候，我感到很安全。"

"妈妈,快夸我!"

"抱抱我,我要亲亲。"

"喜欢我,还是喜欢弟弟?"

有些孩子喜欢不断地跟父母确认他们对自己的爱。这类孩子有时会说出"给朋友们准备点糖果吧!"这样的话,因为他们会细心地照顾身边的每一个人。

善于表达爱意的孩子通常也很渴望得到爱。他们很注意观察别人是否需要帮助。因此,比起自身,他们更关心朋友。他们能够把别人照顾得很好,乐于助人。他们和朋友在一起时感到很愉快,和朋友对话时也从不吝啬对对方的称赞,同时也会向对方提出很多问题。他们认为交朋友是一件重要的事情,和朋友在一起时,总会留意现场的氛围和周边的状况。

由于他们总是忽略自己的感受,优先考虑别人,因此会备感压力。他们努力想给别人留下一个好孩子的印象，却压抑了自己的心声。他们十分看重朋友关系，因此周围的人对他的影响也很大。如果友情出现裂痕的话，他们会感到非常受伤。

对使用渴求型语言的孩子来说，没有什么比得到父母和老师的爱更重要了。对于这类孩子，要引导他养成先照顾好自己的习惯，鼓励他充分表达自己的意见，帮助其培养独立性。

通过以下几个问题，我们就可以更好地了解习惯使用渴求型语言的孩子。

> ·你喜欢妈妈做哪些事？
> ·妈妈做哪些事的时候，你能感到妈妈爱你？
> ·如果用1~10分来为自己得到的爱打分，你会打几分？

在孩子的语言和行动中，藏着解开孩子秘密的钥匙。通过上面的问题来了解孩子固然是个不错的方法，但生活中留意观察孩子如何表达爱也是十分重要的。重点观察一下孩子在朋友和长辈面前的表现，倾听一下孩子有哪些诉求。强烈渴望得到爱的孩子会产生这样的认识——"我是为了得到爱而出生的人"，这个认识直接关系到孩子的自尊心。当爱的需求被满足时，孩子便能拥有健康的自尊心，好好地生活下去。

爱经常被认为是一种被动的情感，事实上它是一种主动的行为。德国心理学家艾瑞克·弗洛姆（Erich Fromm）在《爱的艺术》一书中指出：爱是一种能力，是一门艺术。他认为关心、责任、尊敬和了解是爱的四个基本要素。很多父母把对孩子的爱称为母爱或父爱，把这种爱当作一种理所当然、自然发生的感情，认为爱是不需要学习的。然而，爱并不是一种茫然缥缈的感觉，而是非常具体的、活生生的表达。

那么，父母该如何帮助使用渴求型语言的孩子培养健康的自尊心呢？答案就是父母要善于听孩子说话。包含倾听、共情、提问、鼓励和安慰在内的反馈，能够有效地帮助孩子增强自尊心。

## 快夸夸我！
### 希望得到认可的孩子

2010 年韩国 EBS 电视台的纪录片《什么是学校》中曾播出关于称赞引发的负面效应的内容，这个节目当时在观众中引起了很大的议论。有人言，"称赞能让鲸鱼跳舞"，一直以来我们都提倡在称赞中抚养孩子，怎么现在又说称赞会引发负面效应呢？这是让教育孩子的父母和老师感到十分震惊的观点。

即便我们的社会认为称赞无比重要，但我在咨询和讲课时还是经常遇到因不知道如何称赞孩子而烦恼的父母，以及渴望被称赞的孩子。在小学做班级咨询的时候，问孩子们最希望从父母那里听到什么话，12 个人中有 10 个人的答案是一样的。不管去到哪个学校，不管是一年级还是五年级的学生，他们的答案都一样。那就是"做得好"。

大部分父母除"你最棒！""真乖！""做得好！"之外，不知道还能用什么话来表扬孩子。而这只是因为他们知道称赞很重要，所以有意为之，但到了真要称赞的时候却只会重复那一两句相同的话。

父母不会使用丰富的表达方式称赞孩子这件事，是受到文化的影响。因为父母小时候就是在自身优点被忽略、错误被关注的环境中长大的。没有丰富的被称赞的经历，又怎么懂得如何称赞别人呢？最终只好在渴望得到称赞的孩子面前陷入迷茫。就像下面这样：

"我陪弟弟玩了，快夸我。"

"好，你陪弟弟玩，弟弟肯定感到很幸福。你真是个好姐姐。"

"妈妈，你知道我因为弟弟受了多少委屈吗？他总是随便动我的东西，还在我的笔记本上乱画！"

明明妈妈提出了表扬，孩子怎么还是不高兴，反而倒了一肚子苦水呢？孩子强调和弟弟一起玩很辛苦这件事，其实是对妈妈的称赞不够满意的表现。这种时候，作为父母该如何应对呢？

"弟弟平时给了你不小的压力，你已经想清楚怎么跟他玩了吗？你是怎么做到的呀？妈妈知道，耐心地陪一个容易惹你难过的弟弟玩，并不是一件容易的事。你能跟他玩得这么好，有什么秘诀吗？"

孩子听到这样的话，多半会骄傲地挺起胸膛，心满意足地回答："嗯，我陪弟弟玩得不错吧！"

妈妈要是知道我真的很棒就好了。我这么棒，我做了这么棒的事，如果妈妈都能知道就好了。而且，我也想得到妈妈的关注。如果爸爸妈妈表扬我，我会感觉自己得到了爱。

### 孩子渴望得到称赞的潜在心理

老大会认为陪弟弟妹妹玩是一件非常了不起和值得自豪的事,希望妈妈能理解自己的想法,能"夸夸我吧"。

尤其是内心特别渴望父母的爱和关注的孩子,会更希望得到来自父母的称赞。因为当他们得到称赞的时候,会感受到父母对自己的关注和爱。每个孩子都喜欢被称赞。那些尤其渴望得到认可的孩子会更多地表达出来,以此来满足自己的欲望。

对父母的话非常敏感的孩子,能够更加敏锐地感受到父母对自己的称赞到底是不是出于真心。比起其他孩子,他们的感情更加细腻,能够区分出父母到底是发自内心的称赞还是刻意为之。

那么,你的孩子最喜欢听到哪些话呢?你对他说哪些话时,他会感觉到你在称赞他,并为此而感到高兴和满足呢?即使所有父母同样说"做得好",每个孩子也会根据自己的想法去理解这句话。虽然像"为你加油,为你骄傲!你做得很好,一定会没问题的""这真是个好想法""你把朋友们照顾得很好呢""你踢足球踢得很棒"这些都是称赞的话,但孩子会对某些称赞表示不屑,因某些称赞备受感动。每个孩子想得到的称赞是不一样的。

### 有效称赞的方法

不仅是孩子,父母也一样。想想看,当你自己受到称赞的时候,是不是会很开心、满足?即使听到了称赞,也得是饱含真心的或是自己喜欢的称赞方式才会心情愉悦。无论什么样的溢美之词，如果当事人不把它当作称赞的话，就是无效的。

那么，你的孩子喜欢听到什么样的称赞呢？如果不知道的话，直接问问他就行了。

"你最喜欢听到我夸你什么？"
"最近爸爸跟你说的哪句话让你印象最深？"
"你听到哪些话的时候，会感到'我是个很不错的人'？"

即使问了孩子，他也有可能不会立刻作答。因为他被这样提问的经历不多，也有可能他从没思考过这样的问题。但即便如此，在听到问题的那一刻，他还是可以感受到父母对自己的重视和尊重。除了提问，通过下面的话术向孩子表达感谢也不失为一种称赞孩子的好方法。

"你很好地帮助了爸爸，谢谢你。"

特别是对情感需求高的孩子，对他们表达称赞时，要达到让他听到你的称赞后能够发自内心地感到满足和欣喜，甚至激动到想要跳支舞的程度。我家老大在得到充分的称赞后会一边发出撒娇的声音，一边扑到妈妈怀里或是高兴得手舞足蹈。每个孩子面对称赞的反应是不同的，父母也不要因为孩子得到称赞时表现得比较平静而感到失望。

作为父母，应当随时回顾自己表达称赞的方式。现在问问自己：我作为父母平时是怎样称赞孩子的？也许你会很自信地回答

"我平时经常称赞孩子",但你的称赞是有效的吗?请按照上面讲到的内容问问孩子,检验一下吧!

对孩子的称赞,父母是信手拈来还是惜字如金,取决于父母站在哪个角度看待孩子。如果父母善于发现孩子的优点,那么称赞便会信手拈来。但如果父母总是盯着孩子的短处,总是责备和教导孩子,就会变成指点或命令孩子。换个角度来看孩子,你会发现孩子是如此的不同,称赞也会自然而然地多起来。

— 不听大人的话,总是发脾气。
→ 不轻易屈服于权威,有自己的主见。
— 总爱找这样那样的借口。
→ 善于动脑筋想出各种各样的点子。
— 懒惰。
→ 从容不迫。
— 很容易放弃。
→ 能够面对现实。

也许读到这里,你还是不知道该如何称赞孩子。这是因为你不懂得称赞的方法,或是称赞他人的经验太少。这种情况下,只需要多多熟悉称赞的方法并运用在孩子身上就可以了。比如,对前来打下手的孩子说一句"你真棒",不如对他说"你都会给妈妈帮忙了啊",像这样对他的具体行为表示称赞。

对于学习能力强的孩子,夸他"你真聪明",不如对他说"你一定为了提高学习成绩而非常努力吧"。此外,对孩子说"你画得真好",不如针对他画中的具体场景对他说"你画的这个人栩栩如生，就像真的一样"，这样的称赞方式称为描述性赞赏。

而对于评价性赞赏，虽然大家有很多负面的看法，但我认为也没必要禁止使用。实际上，当给予孩子的正面称赞不足时，无论什么样的赞赏，其本身都是有意义的。而且，对孩子来说，也有想要得到评价性赞赏的时候。

要注意的是，没有必要在称赞孩子的时候总是惊呼"哇"或是做出一些夸张的反应。按照事实陈述出来即可。当孩子把饭全吃完的时候，可以说"你把饭都吃完了，吃得很干净"。看到孩子陪弟弟妹妹玩的时候，可以说："弟弟跟你在一起玩得很开心呢，看到你们这个样子妈妈很开心。"如果父母有时实在说不出称赞的话，可以通过鼓励和感谢来表达。

"感谢你今天也健健康康地陪伴在妈妈身边。"
"感谢你今天一直用笑脸陪伴着妈妈。"

# 抱抱我，亲亲我吧！
## 渴望身体接触的孩子

"老师您好，我们是双职工夫妻，所以孩子直到 5 岁都一直跟着爷爷奶奶生活。我是从他 6 岁时开始带他的。明明给了他足够的爱，但他好像还是很渴望得到更多的爱。现在孩子已经 10 岁了，还会追着我说'抱抱我，亲亲我吧'。"

升入小学后，随着年龄的增长，大部分孩子会减少和父母之间的亲昵举动。因为这时孩子个子长高了，语言表达能力增强了，掌握的知识更多了，对于爱意的表达方式也会随着年龄增长而变化。过度的爱意表达往往会让人觉得与该年龄段孩子应有的表现不符。那么，孩子要求亲亲抱抱的亲昵行为到几岁为止才是正常的呢？

育儿没有标准答案，这个问题的答案同样也是因人而异的。从孩子的感受上考虑，只要孩子自己觉得可以叫停了，那就可以了。虽然父母会觉得撒娇的举动不符合孩子的实际年龄，或是因性别差异而感到不方便，但也没必要把这当作一个严重的问题。如果孩子到了小学高年级仍想与父母拥抱，父母也最好通过充分的肢体接触来回应孩子的爱。

喜欢肢体接触的孩子的确有可能缺爱，但也有一部分孩子天生就喜欢亲密感。但不管属于哪一类，孩子和父母想表达爱的心情都是一样的。

肢体接触对亲子关系有十分重要的影响。1978年，哥伦比亚波哥大在保温箱不足的情况下，对早产儿采取"袋鼠式护理"，现如今这种护理模式已经在医疗界被广泛使用。所谓"袋鼠式护理"，就是将早产儿的胸口贴在母亲的胸口上，借由母亲的体温和爱抚来维持婴儿体温、安抚婴儿情绪、增强婴儿免疫力的护理方法。英国儿童健康专家乔伊·朗（Joy Lawn）博士在她的论文《预防早产并发症引发新生儿死亡的袋鼠式护理》中，也提到袋鼠式护理是使早产儿生存下来的有效护理方式。产妇对新生儿的肢体接触，可以刺激新生儿产生一种特殊的感觉纤维，促进产妇分泌催产素，从而起到缓解新生儿身体不适及稳定产妇情绪的作用。

我们所有人都是从婴儿时期被亲亲抱抱的经历中走过来的。孩子喜欢妈妈温暖的怀抱，喜欢和妈妈接触时的感觉，即使长大成人后，也会记得被妈妈拥抱时感受到的爱和从中得到的抚慰与鼓励。

那是发生在我做幼儿园老师时的事。一个6岁的孩子总是在自由玩耍时间奔向我，在抱抱我之后重新跑回去玩。当孩子在父母那里没有得到足够的爱时，就会把对爱的需求转嫁到其他和自己相处时间较长的人身上。我通过咨询发现，很多父母都羞于与孩子发生肢体接触，他们会觉得很别扭，甚至会把孩子提出想要肢体接触的要求当作孩子在"缠人"。

我有必要重申，如果孩子希望有较多的肢体接触，我们并不需要过度担心。万事开头难，虽然刚开始与孩子拥抱时会让人觉得有点陌生和别扭，但多次尝试之后，就会成为日常习惯的一部分了。

在给孩子做咨询的过程中，很多时候，我还没有问到相关问题，孩子就会主动提起和父母之间的关系。

"小时候妈妈经常抱我，但现在不会这样了。她现在只要求我做我该做的事。"

孩子并不会认为因为自己长大了，就不需要和父母进行肢体接触了。父母拥抱或亲吻孩子的时候，孩子能够获得爱和安全感。特别是对触觉发达的孩子来说，肢体接触更为重要。通过跟父母健康的肢体接触，孩子不仅能够学会尊重自己，还会懂得要善待他人的身体。

### 孩子希望发生肢体接触的潜在心理

如果10岁的孩子说"妈妈，抱抱我，亲亲我"，大概率是他渴望得到爱。"为什么小时候妈妈常常抱我，现在却不这样做了呢？"很多孩子为此感到很惊讶，他们不会觉得自己长大了就不需要肢体接触了。

> 当妈妈拥抱我、亲吻我的时候，我能切实地感受到爱和安全感。在妈妈怀里的时候，妈妈没时间陪我玩的事也变得无所谓了，和朋友闹矛盾的坏心情也得到了安慰，学习时的疲倦也一扫而空，我感觉自己重新获得了力量。

随着孩子的成长，父母不仅减少了与孩子在肢体上的接触，甚至开始减少言语上对爱的表达。但我想和父母说，如果可以，请尽可能多地拥抱孩子，让他们充分感受到父母的爱吧！

## 与孩子进行有效肢体接触的方法

提到肢体接触，我们首先想到的就是抚摸孩子的头发或是拥抱他。但肢体接触并不都是同样的方式。每个孩子喜欢的肢体接触方法不一样，用孩子喜欢的方式与他接触，效果是最好的。不能因为肢体接触很重要，就认为频繁接触一定是好的，最重要的是，要根据孩子的意愿和偏好进行。

要想做到健康的肢体接触，就必须向孩子传达珍爱自己身体的理念，让他明白他对自己的身体有决定权。这样做，可以让孩子与他人建立健康的人际关系，学会如何尊重别人。

**1. 找机会进行肢体接触的方法。**

对喜欢通过肢体接触来确认情感的孩子来说，肢体接触是他生活中的精神支撑。所以，即使做得不够熟练自然，父母也有必要和孩子适当地进行肢体接触。

孩子的皮肤被称作"第二个大脑"。很多研究表明，平时与父母存在充分肢体接触的孩子免疫力更高，社会性发展也更好。充足的安全感是社会性发展和情绪稳定的基本条件，孩子和养育者之间培养出稳定的安全感，有助于孩子形成健康的自我意识。即使在新的环境中，孩子也能积极主动地进行探索，促进认知发展。

对于年龄稍大一点的孩子，也可以通过一些身体接触让他感受到父母对他的爱，比如，在晨起时为他揉揉胳膊腿，睡前给他一个拥抱、捏捏他的脸颊或者帮他往脸上擦润肤油等。当孩子正在玩耍的时候，可以轻抚他的头发或背部，或是在游戏中适时地与他击掌。日常生活中细微的肢体接触也有助于孩子稳定情绪。因为随着孩子年龄越来越大，父母能够给予的肢体接触会越来越少，所以在孩子成长的过程中，请多多地给予他们身体接触，多多地表达爱吧！

下面是一些可供参考的肢体接触方法。

> 1."哟哟哟"问候法
>
> 这是在孩子入园之前可以使用的问候法。和孩子面对面站立，一边说"哟哟哟"，一边和孩子击掌。然后对孩子大声说"今天也要加油哦！"，再送孩子入园。
>
> 2. 设定拥抱节点
>
> 在一天中设定三四个时间点，例如早晨起床后、分别时、再次见面时、睡觉前等，在这些节点与孩子拥抱。

**2. 对视是肢体接触的沟通方式之一。**

和孩子建立心理上的亲密感，最有效的方法是注视着对方的眼睛说话。对视是孩子步入青少年阶段后也可以使用的情感表达方式。每天这样做 10 分钟足矣。温暖的目光和倾听孩子说话时的姿势，会成为父母与孩子建立信赖的基石。

加拿大卡尔加里大学（University of Calgary）的儿童心理发展专家谢里·马迪根（Sheri Madigan）教授强调："在肢体接触之前，要通过与子女进行对话来提高情感上的亲密度。"

健康的肢体接触可以给人以安慰。如果彼此没有情感上的亲密关系，肢体接触反而会带来不适。

如果父母总对孩子说"等一下"，孩子就会失去交流的意愿。

想要和孩子建立信赖，就要让孩子确信"父母认为我的事情是重要的"。当孩子呼唤时，父母即使正在做其他事，也尽量不要说"等一下，等我把这个做完"，最好能马上暂停手里的事情，认真看着孩子，倾听他的话。

**3. 像做游戏一样进行愉快的肢体接触。**

孩子都喜欢做游戏。大家都知道，对于同样的学习内容，如果能以游戏的方式进行，孩子的注意力会更高，也会觉得内容更加有趣。利用游戏进行亲密的肢体接触，可以让父母和孩子度过愉快的亲子时光，这对于巩固双方的感情是很有帮助的。下面几个游戏，可以推荐给父母，作为参考：

| 游戏 | 玩法 |
| --- | --- |
| 你画我猜 | 用手指在对方手掌或背部画星形、圆形、三角形、正方形等形状，或写下家人的名字、简单的字母，让对方猜。父母和孩子可以轮番来猜。 |
| 猜手指 | 把五根手指的其中一根放在对方脖子后面或背部，让对方猜猜是哪根手指。 |
| 你做我学 | 和孩子一起站在镜子前，互相模仿对方的表情。 |
| 坐飞机 | 父母仰面朝上平躺在床上，屈膝，让孩子坐在父母的脚上，并抓住孩子的手，利用腿和脚将孩子反复抬起再放下。此游戏有助于孩子体验不同的视角。 |
| 推手掌 | 一边唱儿歌，一边将两个人的手掌交叉相握或是五指张开，面对面相互推手掌，父母要注意自己的力道，不要让孩子使蛮力，保证彼此不会受伤。 |
| 接触问候法 | 用额头、鼻子、肘部、手掌、屁股或脚掌等不同身体部位相互触碰，以示问好。例如：<br>"早上好，睡得好吗？我们用脚掌来打个招呼吧？"<br>"你今天在幼儿园玩得很开心吧？我们拥抱庆祝一下吧？" |

# 看着我，牵着我的手睡吧！
## 需要依恋物的孩子

"我家孩子现在上小学四年级，到现在还喜欢摸着自己的耳垂睡觉。小时候总要边吃手边睡觉，为了不让他吃手，才让他摸着自己的耳垂睡觉。没想到这个习惯竟然保持到现在，这要紧吗？"

给父母做咨询的过程中，我经常听到关于孩子依恋物的事。有些孩子的依恋物是妈妈内衣的肩带，从一大早起床开始就要摸来摸去。有些孩子喜欢摸着兄弟姐妹的胳膊或腿睡觉，严重影响兄弟姐妹的睡眠。还有些孩子的依恋物是毛毯，即使外出旅行时他们也要带上自己的毛毯，否则就睡不着觉。

婴幼儿为了顺利入睡，往往会做一些自己的专属行为。比如，必须摸着父母的头发、耳垂、腿或胳膊肘等身体部位才能入睡。如果孩子睡到一半醒来，再次去摸父母的身体，会使父母的睡眠质量下降。这种行为如果过于频繁，会让父母疲惫万分，甚至忍不住对孩子发火说"别动了"。

"别摸我的背了！看着我，拉着我的手睡。"

我家老大小时候也会在睡不着时一边吃手一边摸自己的肚脐，或者摸着我的肚脐睡觉。老二则喜欢抓着我的手指或有规律地在我的指甲上点压着入睡。这时，就需要一个依恋物作为桥梁来取代妈妈。在孩子和妈妈分离，逐渐成为一个独立个体的过程中，依恋物可以代替妈妈提供温情和安全感，给予孩子心理上的安定。英国儿科医生兼精神分析学家唐纳德·温尼科特（Donald Winnicott）曾说："孩子在从早期的母体依赖走向完全独立期间，需要一个过渡性客体。"

当然，并不是每个孩子都需要依恋物。以我家老大为例，随着他慢慢长大，抚摸妈妈肚脐的次数越来越少，最后自然而然就不再这样做了。虽然我也曾给过他一些玩偶作为依恋物，但他抱着睡了几次就不要了。有些孩子是不需要依恋物的，因此没有必要非给孩子安排一个依恋物。我家老二则不满足于一个玩偶，睡前一定要在身边摆放四五个玩偶，还要给每个玩偶盖上毛毯才行。即便如此，他偶尔还是要在睡前拉妈妈的手。每个孩子对依恋物的依恋程度是不同的。

孩子把从养育者那里得到的感受转移到物品上，对物品产生依恋通常是在1岁左右。到了2~4岁，孩子开始需要过渡性客体，可以是毛毯、玩偶或妈妈的衣服等。到了6~7岁，孩子的注意力会转移到朋友和游戏上，对物品的依恋会逐渐降低。到了小学高年级阶段，孩子会自然地脱离依恋物。

> 我想睡觉，但我不想和妈妈分开。我想撑着妈妈的手、头发或者胳膊时睡觉。只要我的手放在妈妈身上，我就能感觉到自己和妈妈是连在一起的，我就会安心。我很害怕和妈妈分开。

## 孩子需要依恋物的潜在心理

喜欢摸着父母身体入睡的孩子，心里到底在想什么呢？

父母应当对孩子入睡时感到害怕和不安予以理解。孩子感到不安的原因有很多，最常见的是怕黑，以及害怕和妈妈分开。这时，不要对孩子说"别动了""别摸妈妈""你把我手指压疼了"之类的话，最好找一个依恋物给孩子。

要多跟孩子讲这样的话："你可以抱着娃娃睡觉吗？娃娃睡不着，你可以给他唱首歌吗？""你现在心情怎么样？你睡着的时候妈妈也会在你身边的，别担心。"一定要让孩子拥有安全感。

## 如何让孩子形成健康的依恋关系

依恋是孩子成长和情绪发展的重要因素。为了尽量减少孩子在入睡前产生的和父母分离的焦虑和对黑暗的恐惧，可以和孩子聊一聊入睡前的心情，比如：如果不触摸父母身体，孩子的心情会如何等话题；孩子在表达负面情绪时，父母要给予安慰。与父母之间形成健康的依恋关系，孩子才能够获得安全感。

**1. 如果孩子喜欢抚摸着父母身体睡觉，请为他找一个依恋物。**

如果孩子每次都要摸着妈妈的身体才能睡着，妈妈也无法进入深度睡眠，不堪其扰之下会不由自主地向孩子发火，这是可以理解的。但是我觉得我们可以想办法解决这个问题，比如，孩子在2~4岁时,是可以通过依恋物进行安抚的。柔软的球或玩偶等依恋物对于触觉发达的孩子来说,能够起到很好的心灵安抚作用。

### 2. 扩大依恋物的选择范围。

虽然每个孩子需要依恋物的时机和依恋程度有所不同,但随着孩子的成长,有必要扩大依恋物的选择范围。一般增加一两件依恋物,就可以把孩子的注意力从一件固定的依恋物上转移出去。

### 3. 睡前通过游戏加深感情。

睡觉之前,做一些简单的游戏,其实可以有效地缓解孩子的焦虑。我推荐几个小游戏,供大家参考:

| 游戏 | 玩法 |
| --- | --- |
| 10分钟家庭故事时间 | 父母和孩子讲一讲家里人的故事,比如,父母小时候的事、父母恋爱时的事、孩子出生前的事、孩子出生的经过、孩子周岁宴的事、作为父母被孩子感动的事,以及父母要感谢孩子的事,等等。 |
| 听,心跳的声音 | 父母和孩子趴在对方胸口上,听对方心跳的声音。<br>父母和孩子相互模仿对方心跳的声音。 |
| 被子游戏 | 把被子打开平铺在床上,和孩子在被子上滚来滚去。<br>用大小合适的被子把孩子包裹起来,和孩子隔着被子玩你画我猜游戏,或者给孩子挠痒痒。 |
| 餐桌露营 | 把餐桌上的东西和椅子全部清空,找两个薄薄的小被子铺在地上。在餐桌下方打开灯,和孩子躺在餐桌下面聊天。 |

# 喜欢我，还是喜欢弟弟？
## 拿父母的爱做比较的孩子

如果你是一位有两个或更多孩子的家长，那你一定被问过"我和弟弟（妹妹）你更喜欢谁"这样的问题。孩子为什么会问这样的问题呢？他又想听到什么样的回答呢？

兄弟姐妹相处不融洽是父母最苦恼的问题之一。有时父母特别希望孩子们能和睦相处，从而对老大过于严苛。

"老师，我家老大直接从躺着的老二身上踩了过去。于是，我严厉地教训了他。我对她说：'你是姐姐，应该要爱弟弟才对！为什么要这样对他？你在哪里学的这些坏毛病？'"

面对这位前来咨询的妈妈，我询问她的大女儿今年几岁了。
"4岁。"

父母偶尔会忘记一个事实，那就是即使孩子是家中的老大，他也只是一个想从父母那里得到爱的幼儿。我们经常见到老大尚且年幼，只因为当了哥哥或姐姐，便被像大人一样要求的例子。孩子之间年龄差距大的话，这种现象更甚。

老大往往会在老二出生后，明显感受到家中氛围的变化。以前自己占据了全家所有的爱，而现在大家对弟弟（妹妹）笑得更多，还会不断支使自己给弟弟（妹妹）拿各种东西。

"我也只有一副身体。在给老二喂奶的时候，又怎么能分身去照顾老大呢？"

"世界的中心、父母的中心曾经都是'我'，而现在的感觉就像是属于自己的东西被抢走了一样。而这一切都是因为弟弟（妹妹）。"

所以，老大才会脱口而出：

"妈妈不会不爱我了吧？"
"妈妈，你更喜欢我，还是更喜欢弟弟？"

## 孩子拿父母的爱做比较的潜在心理

孩子提出这类问题，是想要确认自己是否属于这个家，父母是否真的喜欢自己。他想确切地知道父母是否爱自己。父母认为自己是按照年龄对孩子采取不同的对待方式。然而，老大看到父母温柔地对待弟弟妹妹的样子，只会认为父母是在将自己和弟弟妹妹区别对待。

> 希望有人能抚平我心里冒出来的这种奇怪的感觉。我感觉我们家现在没有我的位置了。

就这样，孤独感占据了孩子的内心。

小学三年级时，老大有一天这样对我说：

"妈妈，我也想当弟弟。"

那时，我无意间脱口而出道："你小时候，妈妈只有你一个孩子，陪你玩的时间比弟弟多多了，对你的爱也比对弟弟付出得多，你都忘了吗？"

但对孩子来说，无论父母再怎么强调过去的爱，都不能解决他当下想要确认父母是否爱自己的问题。孩子不管父母过去爱不爱自己，只想让父母证明现在是爱自己的。当孩子知道父母对自己的爱跟过去相比发生了变化时，就会更加感到失落和孤独。

## 如何让孩子充分感受到来自父母的爱

当老大认为父母只爱弟弟或妹妹的时候，便会产生嫉妒心并采取一些行动。比如，在妈妈看不到的地方，用手拍打弟弟（妹妹）来发泄自己的伤心和孤独，或是对弟弟（妹妹）大发脾气。老大认为是弟弟（妹妹）的出现抢走了本属于自己的爱，因此备感恐惧和压力。

与孩子的年龄无关，无论多大的孩子都想确认自己是否被父母爱着。如果孩子经常把父母对自己的爱拿出来做对比的话，请父母一定要更频繁更强烈地向孩子表达"我爱你"。用力地拥抱孩子，真心地向他表达自己的爱，只有这样，孩子才能从郁闷和孤独中走出来，不再反复地问："妈妈，你喜欢我吗？你爱我吗？"

我曾遇到这样的父母，有人建议他们私下里向老大表示"跟弟弟比起来，爸爸妈妈更爱你"。虽然孩子可能会喜欢和爸爸妈妈共享一个秘密的感觉，但这并不能填补孩子的孤独感和对爱的需求。并且，"我更喜欢你"这样的话不利于兄弟姐妹之间发展和睦关系，因此我不推荐父母这样做。

那么，这种时候应该怎么说比较好呢？作为父母，不仅要读懂孩子的心声，更要理解孩子的处境。我在这种情况下通常会讲一个"爱的篮子"的故事。

"每当爸爸妈妈身边多了一个孩子时，就会出现一个爱的篮子！因为你和弟弟，所以妈妈拥有两个爱的篮子。因为弟弟还小，有时需要你多一些等待，有时你也会因为妈妈陪你的时间不够多而难过，可能还会因此感到压力很大。虽然妈妈有两个爱的篮子，却只有一副身体，所以必须把时间分开来支配。"

| 孩子互相比较的问题 | 父母的常见回答 | 可以让亲子关系更融洽的回答 |
| --- | --- | --- |
| 喜欢我，还是喜欢弟弟（妹妹）？ | 喜欢你，也喜欢弟弟（妹妹）。 | 你在这个世界上是独一无二的，你是我的女儿（儿子），我很喜欢你。 |
| 我们俩谁唱歌更好听？ | 你不是很擅长画画嘛。 | 每个人擅长的事情都不一样，重要的是无论做什么，都要享受其中的乐趣。 |
| 要是没有弟弟（妹妹）就好了。 | 不要说这种话。如果弟弟（妹妹）也说要是没有哥哥就好了，你会开心吗？ | 你最近产生了这种想法啊，要不要和爸爸单独去散散步，我们聊一聊？ |
| 爸爸为什么只喜欢弟弟（妹妹）？ | 你们俩，爸爸都喜欢。 | 啊，很抱歉让你有了这样的感受。你觉得爸爸该怎么做比较好呢？ |

重要的是，让老大知道没有必要与弟弟妹妹做比较或展开竞争。"你更喜欢爸爸，还是更喜欢妈妈？"这样的问题已经被多次强调过是不好的，但依然有很多大人以此为乐向孩子提问。这是在强迫孩子回答难以选择的问题。更重要的是，如果孩子频繁听到此类问题，便会认为这种问题在兄弟姐妹关系之间是成立的。

如果父母抚养了两个或更多的孩子，那么随时都有可能遇到需要调解矛盾的情况。父母在出面调解的过程中，因为想要用最快的速度结束这个局面，往往会化身为一个是非分明的裁判官。

这种时候，孩子多半会机械式地互相说"对不起""没关系"来终结矛盾。当然，道歉和谅解也是十分重要的。但在随时可能爆发的矛盾面前，如果父母总是直接介入，帮助他们速战速决，其实是不好的。最好让孩子自己在解决矛盾的过程中相互理解，并懂得照顾对方的感受。要相信孩子自己会在对话的过程中找到问题的解决办法。至于惩罚方面，与其两个人一起施以惩罚，不如安排他们做一些需要两个人配合完成的游戏，比如面对面共同抱住一个气球使其不掉下去。

"父母在孩子出生的时候，就会拥有一个爱的篮子！
"因为你和弟弟，爸爸妈妈已经拥有两个爱的篮子了。"

# 给朋友们准备一些糖果吧!
## 乐于和朋友分享的孩子

"妈妈!同学今天带了糖果给大家分享。我明天也想带些糖果给同学们!"孩子从幼儿园回来后这样说道。

他的同学带了糖果,在午餐后分享给了大家。为了感受与人分享的乐趣,获得他人的关注,孩子会自己在家里寻找能够分享的物品,或是寻求父母的帮助。这类孩子认为父母的爱固然重要,但朋友的爱和关注也不可缺少。

"妈妈,我今天给同学们分了糖果,大家都跟我说了谢谢呢!"孩子从幼儿园回来后兴奋地说道。

看着他把当时的情况娓娓道来的样子,就能够感受到他内心有多么快乐和满足。通过分享,孩子满足了自己想要获得爱和关注的需求,也知道了自己带去的东西是可以分享的。

擅长分享的孩子很喜欢给朋友赠送礼物,或是能够把他人照顾得很好。这样的孩子通常被评价为心地善良且善于社交。

"妈妈,朋友说他不喜欢我带去的果冻,他没有吃。"
"是吗?那你是怎么做的?"

"嗯,我又放回书包里了。"

话说到这里,已经能够从孩子的表情和语气中感受到他的失落了。

"因为朋友没有吃你带给他的果冻,所以你有些伤心,对吗?"

"不是,嗯,我还好。下次我不带果冻了,带点其他糖果好了。"

孩子虽然嘴上说着自己还好,但从他说下次要带些大家都喜欢吃的糖果来看,他还是对自己的心意没有被接纳这件事感到闷闷不乐。

孩子在婴幼儿时期,无条件接受父母的爱,并通过和父母相处,学习和判断什么是爱,从而与之形成亲密关系。这一时期的孩子为了满足自己的情感需求,十分需要父母的援手、赞赏的目光和高度的关注。并且,孩子能够对父母的感情敏锐地做出反应。

但到了儿童时期,随着孩子的社会关系网逐渐扩大,他开始和同龄人、老师建立联系,并获得来自他们的爱。在这一时期学到的与人适度交往的方法,有助于孩子形成健康的自尊心,也会为他今后的社会生活打下坚实的基础。

孩子重视朋友关系是成长阶段一定会自然发生的事。到了青少年时期,父母的爱要以充分尊重的形式,在距离孩子一步之遥的地方,帮助他们成长为独立的个体。经过这样的成长过程,孩子对爱的需求得以满足，最终能够在情绪稳定的基础上建立和发展自己的社交关系。

### 孩子想给朋友送礼物的潜在心理

对孩子来说，从朋友关系中获得亲密感，与从父母处获得亲密感同样重要。如果孩子想要通过赠送礼物的方法拉近自己和朋友的距离，很可能是因为孩子害怕自己想要交朋友的心意遭到拒绝。

> 如果我不送礼物给朋友的话，他会不会就不跟我做朋友了？如果他不跟我玩的话，我该怎么办？如果他拒绝我的话，我该怎么办？

这是在交朋友方面不自信的表现。除了消极对待朋友关系的做法，过度接近朋友可能也是由于社会性发展不足或是朋友关系不稳定。这种时候，家长要给孩子指点交朋友的度，并帮助孩子树立信心。

### 帮助孩子既能与人分享，又能保持自我的方法

孩子产生想要分享的意愿，这件事本身对于他们社会性发展和激发积极情绪是有帮助的。但父母要正确引导孩子，告诉他愿意和朋友分享的心意是宝贵的，但在分享的过程中不要迷失自我。

**1. 把礼物的价值告诉孩子。**

如果孩子把贵重的东西、新买的东西或是父母送给自己的礼物送给了朋友,要问清楚他这样做的原因,并把父母的感受如实告诉他。孩子也许会回答"没什么,因为他喜欢就送给他了"。这时,如果父母责备孩子"你怎么能把爸爸送给你的礼物随便送给别人?",孩子的内心就会产生负罪感。并且,如果无条件禁止他这样做的话,就会让孩子在维护朋友关系的问题上感到不安,甚至会发生背着父母偷偷送礼物的情况。

不妨这样对孩子说:"原来是这样,你是因为他喜欢那个礼物,所以就送给他了啊。"先了解孩子的内心想法,然后把礼物的价值和父母的感受告诉他,让孩子理解父母的感受,并且知道下次该怎么做。

"那是爸爸精心为你准备的礼物,如果这个朋友对你来说非常重要,你愿意和他分享礼物,爸爸感到很开心。但是,爸爸希望你明白,别人送你礼物,那是他的一份心意,不管礼物贵重与否,你都要珍惜。如果方便的话,最好和送礼物的人沟通一下,免得对方误会你不拿他送你的礼物当回事,这容易让你们之间生嫌隙。明白了吗?"

**2. 把"我的东西"和"可以分享的东西"区分清楚**

父母可以和孩子一起把家里的东西做个分类,分出能够送给朋友的东西和不能送出去的东西。孩子的想法可能和父母发生分歧。在父母眼中没什么意思的玩具可能是孩子眼中的珍宝,而对孩子来说无所谓的学习用品可能是父母眼中重要的东西。父母和孩子可以通过各自陈述来协调彼此的意见。通过和父母进行充分的交流，孩子就能把握能送的东西和不能送的东西之间的界限，对此产生一个明确的标准。

### 3.让孩子知道和朋友亲近的方法有很多。

如果孩子认为必须通过送礼物才能维持朋友关系，可以告诉他，认真倾听朋友的话、给朋友衷心的建议和一些亲密的举动等都能够使友情加温。此外，还可以让孩子谈谈，到目前为止对朋友做的哪些事让朋友很高兴，自己为友情付出了哪些努力，从中总结出一些维持友情的成功经验。父母要给予孩子充分的心理支持，帮助孩子充满自信地处理与朋友之间的关系。

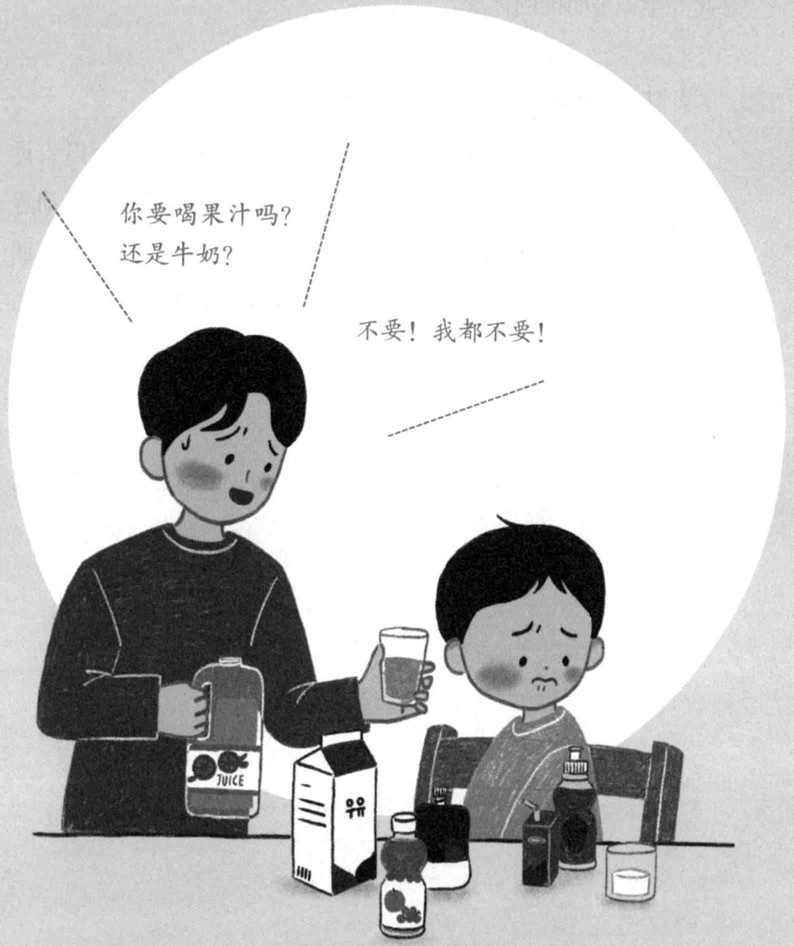
你要喝果汁吗?
还是牛奶?
不要！我都不要！
JUICE
우유

## 第六章

# 针对使用情感型语言的儿童

## 培养共情能力的尊重式倾听法

稚嫩的话语中，隐藏着孩子真实的内心。

"我的喜好和厌恶已经很明显了。"

"我想更加强烈地表达自己的意愿。我现在也有自己的意见了。"

"我长大了，是大孩子了啊。"

有些孩子能够非常直接地表达自己的情感："我突然很想哭。""我心情很不好。""我生妈妈的气了。"有些孩子只要不合自己的心意就会发脾气："这个不是歪了吗?"有些孩子遭到拒绝时十分敏感："朋友不跟我玩了!"

这几类孩子在日常生活中，经常因为内心的情绪而做出相应的举动，或者表达自己的感受。他们会说一些意味深长的话，也经常会流露出孩子特有的感性。他们常常凭感觉说话，给自己的感情赋予意义。他们也会深入了解事物，享受自己想象的世界，并沉浸在感性的世界中。

"为什么非要那样做? 我有不同的看法。"他们颇具创造力，拥有不同于他人的独特视角。他们喜欢美好的事物，憧憬艺术，拥有独属于自己的感性和敏锐。他们的共情能力很强，即使不是自己亲身经历的事情，也会如同自己经历过一般去感受。他们对周围的一切十分敏感，能够真挚地倾听别人的话，因此常给人以温暖亲切的感觉。

但这种敏锐有时也会给他们带来负担。由于他们的情感过于细腻，因此在被朋友疏远时非常容易察觉。父母要帮助这类孩子学会认可自己，保持平和的心态。

他们很善于体察别人的情绪，会根据对方的情绪来做决定，也会为了顾全大局而克制自己的意见。他们总是根据内心的感受而不是理性思考做决定，因此被问及做决定的原因时，可能会无法明确地陈述出来。父母应当对这类孩子的敏感予以更多的体谅。对于孩子的决定，父母不要武断地去评判，最好能够充分地给予理解。

幼儿期是孩子形成和表达自我情绪的重要时期。通常，孩子到2岁时就能将人的基本情绪用语言表达出来，3~4岁时能够把自己的感情与肢体反应联系起来，但孩子在这一时期仍无法非常明确地搞清楚自己的具体感受，只好不断地重复"不是""不知道""讨厌""我不"，或者不通过语言，而是通过发脾气、大哭、扔东西等方式来表达自己的情绪。孩子年龄尚小时，不懂得控制情绪是很正常的。

对幼龄阶段的孩子来说，不清楚自己到底是什么心情，或者内心的情绪奇怪而复杂，自己从来没有体验过，以至于无法用语言来形容，这才是他们惊慌失措的真实原因。

孩子还小，还很难替他人考虑，这种情况下，他会表达清楚自己的真实感情，或是把自己的真实情绪放置一边。他们在这个阶段还没学会如何控制自己的情绪。

负责孩子记忆力、思考力和协调行动能力的器官是额叶。孩子额叶发育尚未成熟时，只能通过大脑边缘系统来调节恐惧、高兴和悲伤等情绪。因此，这个阶段的孩子通常会以自我为中心和有些情绪化。

面对使用情感型语言的孩子，父母可以通过下面这些问题进一步了解孩子的内心。

- 你今天心情怎么样？
- 妈妈怎样做的时候，你的心情会很好？
- 妈妈怎样做的时候，你觉得妈妈是理解你的？
- 妈妈做哪些事情的时候，你觉得自己的想法好像被接纳了？
- 1分到10分，你为妈妈对你内心世界的了解程度打几分？

脑科学家们认为，孩子重要情感体系的形成是由父母的养育方式决定的。父母教育方式不同，孩子表达情感的风格也不同。因为孩子会观察并模仿父母表达和调节情绪的方式。父母随时就以下几个问题进行反思是很有必要且有帮助的。

- 受到刺激时，能够通过情绪表现出多少？
- 表达情绪的时候，会做出怎样的举动？
- 情绪的表达欲有多强烈？
- 能否做好自己的情绪管理？

父母对情绪的表达方式会对孩子产生很大的影响。孩子看到父母抑制愤怒、努力调整情绪的样子，就能学会让自己镇静下来的方法。与其对孩子说"不能生气"，不如以身作则，让孩子在观察中学会父母在生气时是如何控制情绪的。

我们能够用来表达情绪的词汇有450多个,但日常生活中我们却用不到这么多。很多父母不允许孩子表达负面情绪,只让孩子表达正面情绪。所以,孩子经常会听到"不能讨厌别人""不要伤心""不能生气"这类话。当然,正面情绪有利于提高幸福感,但禁止孩子表达悲伤、愤怒、不安、嫉妒或孤独这些负面情绪的话,孩子便无法获得表达自己真情实感的机会。请记住,产生负面情绪是非常正常的事,父母首先要能够正视并毫不犹豫地表达自己的负面情绪。

无论何时,父母给予孩子共情这件事都是很重要的。对孩子产生的正面情绪要表示支持和鼓励,对其负面情绪也要表示认同和共情。通过这个过程,孩子的心理空间会越来越广阔,并滋生出同理心。

# 突然好想哭

## 感受力强的孩子

有的孩子平时经常哭,在玩耍的过程中没发生什么特别的事,也会突然流泪。有的孩子在阅读或唱歌时,感情突然涌上心头,也会忍不住哭泣。还有的孩子只是听到大人的争吵声,就会开始流泪。每个孩子流泪的原因都不同,频次和时长也不同。动不动就哭的孩子,每次哭都持续很长时间的孩子,或是平时乖巧但稍有一点不顺心或不满意就哭的孩子,都是很常见的。

父母若拥有一个因为感受力强而总是哭泣的孩子,不免会担心孩子的心理素质有些偏弱。

"孩子看到路边盛开的野花时,对我说'妈妈,这花太美了,美得我想哭'。而且,我觉得我孩子平时很胆小,感情也比较丰富。感动时会哭,看到悲伤的电影会哭,有时听音乐也会哭。每次哭都持续很长时间。我很担心,他的心灵如此脆弱,以后怎么在社会上生存呢?"

对感受力强的孩子来说,流泪并不是因为自己想哭,更多时候是情不自禁、自然而然的。这并不是情绪上的问题,而是天生性格敏感、情感丰富。内心敏感的孩子在情绪调节能力尚不足的幼儿期,就会有焦虑不安的表现。虽然在成长过程中,孩子感情表达能力会逐步提升,成长为一个感性丰富的人,但在这个过程中需要父母付出耐心。父母没必要为了培养孩子的情绪调节能力而心急火燎。情绪调节能力是需要孩子自己在成长为青少年乃至成人的过程中慢慢去领悟,去培养起来的。

虽然家长常认为感受力强的孩子是内心柔软、善良所致,但有时还是控制不住自己,对他们严厉地吼出"别哭了"。面对孩子的哭泣,很多家长会觉得,"孩子太爱哼唧了""看到孩子那个样子就会心烦""感觉受到了孩子的逼迫"。

从心理学的角度分析,眼泪是一种防御机制。当身体想要保护自己却找不到方法的时候,便会流泪。孩子在周岁之前,由于尚不具备独立解决问题的能力,因此会把哭作为解决需求的手段和传达意愿的唯一方法。到了7~8月龄,随着认知能力的发展,孩子逐渐产生分离焦虑,会在和父母分别时哭泣。那么,我们的孩子到底为什么流泪呢?虽然不同的孩子有不同的哭泣原因,但大部分都可以在下面找到答案。

- 看到悲伤的画面或听到悲伤的故事。
- 感到有压力,想要表达负面情绪。
- 发生了不合自己心意的事。
- 不能做自己想做的事。
- 父母对自己发火。
- 被父母责骂,感到委屈。

> · 事情跟自己心中所想不同，感到难过。
> · 虽然知道自己的行为会挨训，但父母没有首先对自己表示理解。
> · 事情没有按照自己的预想发展。

孩子在夏天要戴毛线帽被父母阻止，对自己新剪的发型不满意，父母选择的衣服不合自己的心意，想看电视时却被告知要上幼儿园了，想把菜和米饭分开吃却被爸爸要求把菜放在米饭上，想再看会儿书却被妈妈催睡觉……这些都可能是引起孩子哭的原因。

当不知道孩子到底为什么而哭时，家长的内心往往很矛盾：到底应该先给予孩子理解、共情，还是先改掉孩子爱哭的习惯。通常，父母看着孩子发火、大喊大叫的样子，自己也不可能保持良好的心情，于是会反过来对孩子发火，孩子便会哭得更凶。等事情过去，父母又会觉得只是件小事，自己却对孩子发了大火，从而陷入后悔和自责，孩子也会因为觉得自己不听父母的话而感到愧疚。

"我想和妈妈多待一会儿，和妈妈一起玩很有趣，我不想去幼儿园，对不起。"

原本妈妈认为孩子只是在固执地耍脾气，但当听到孩子说自己只是想和妈妈多待一会儿时，妈妈的心里顿时"咯噔"一下，瞬间就为自己发火的事感到抱歉。面对孩子反复多次的行为，父母常常会带着负面情绪说"又开始了"，但孩子的行为背后都是有原因的。父母对孩子闹脾气和哭泣的行为做出反应时，常常忘了要理解孩子，忘了要与孩子共情。

## 感受力强的孩子的内心世界

"妈妈,下雪了,北极熊会开心吧?"

"爸爸,樱花开得太美了,对吗?"

"毛毛虫变成蝴蝶之后就没有毛毛虫了。呜呜,可怜的毛毛虫……"

感受力强的孩子所表现出的奇异的想象力和细致的感官感受常常会让父母惊讶不已。与其担心孩子以后该如何适应社会生活,不如认可孩子是一个移情能力强、共情能力突出的人。

> 爸爸,我觉得我所为之付出心血的一切都是和我有关联的。所以,开心的时候要一起开心,难过的时候也要一起难过。爸爸生气的时候,就好像是我惹爸爸生气了一样,所以爸爸会对我发火。

这类孩子会持续对父母察言观色,会在父母难过的时候送上拥抱、递上纸巾,给予父母温暖而丰富的情感共鸣。当父母把孩子拥有的特质作为孩子的优点来看待时,孩子便能获得安全感,进而充分地表达自己的感情。

## 理解孩子内心的方法

虽然孩子的共情能力强并不是件坏事,但是如果无法控制好自己的负面情绪,便会使自己生活得非常辛苦。父母往往也很困惑该如何引导孩子。父母要体察孩子的内心,帮助孩子处理好自己的感情,我建议从下面几个方面入手。

**1. 找到孩子哭泣的原因。**

导致孩子哭泣的原因大体上可以分为三种,即父母的教育态度、孩子的性格特点以及孩子自身需求的满足。

| | | |
|---|---|---|
| 父母的教育态度 | 孩子是否在过度保护中长大? | 在娇惯中长大,被宠成"娇气包"的孩子,会不分时间和场合地哭。这是因为孩子知道并学会了用眼泪做自己的武器。 |
| | 是否对待孩子过于严厉? | 如果对孩子过于严厉,孩子的内心就会保持在紧张和脆弱的状态。有时别人随便说几句话,孩子就会难过起来。由于父母平时不给孩子机会,所以孩子很难通过语言表达自己的想法,只能通过眼泪表达自己的心情。 |
| 孩子的性格特点 | 孩子是不是感受力强、性格敏感? | 有些神经敏感的孩子会经常哭。父母要接受孩子的这种性格,帮助他们找到调节自己情绪的有效方法。还有一种情况是,孩子不懂得如何正确地表达情感。这时孩子哭不一定是因为负面情绪,父母要把适当表达感情的方法教给孩子。 |
| 自身需求的满足 | 孩子是不是为了引起关注而哭泣? | 有些孩子哭泣只是为了利用眼泪引起父母的注意。这样做或是为了让父母满足自己的某种需求,或是为了吸引父母及周围人的关注。 |

**2. 确保孩子有调节和表达情绪的时间。**

情绪调节能力强的孩子能够接纳自己的负面情绪,并就此展开自我沟通。生气时,孩子能够忍住眼泪并不是情绪调节能力强的表现。情绪调节能力是指能够正确地认识和表达自己当下的情绪,能够让负面情绪平复下来,使情绪回到平静状态的能力。其核心并不是止住哭泣,而是学会用语言把情绪恰当地表达出来的能力。

这种时候,重要的是给孩子充分的时间,让他能够独自进行调节情绪的练习。不要一听到孩子哭,就立刻训斥他停下来,而是在孩子自己止住眼泪之前,耐心地在旁等待,或在跟孩子相隔不远的地方等待他平复心情。这段时间父母需要忍耐。

即使孩子没有立刻对父母做出回应,也请父母给予孩子充分的等待,给他一个机会,让他能够平静地陈述自己为什么哭、想要做什么、心情如何,等等。

| "别哭了,立刻停下来。" | "我给你时间自己想一想,我就在旁边等着你。" |
| --- | --- |
| 不考虑孩子的需求,强制他停止哭泣,孩子会认为自己的想法和心情不被父母接受,心生不满。<br>孩子不仅学不会正确表达情绪和想法的方法,还有可能把自己的心门彻底关闭。<br>父母想要帮助孩子消除造成压力的因素,或帮助孩子转换心情的做法,基本上起不到什么作用。 | 可以消除只需要通过哭来表达的情绪。<br>与其把孩子哭看作需要纠正的行为,不如把焦点放在让孩子学习调节情绪的过程上。<br>为了让孩子把自己积累的情绪充分宣泄出来,请务必耐心等待。 |

"原来你是感觉心里很疲惫啊！但是，你一边哭一边说话，我听不清你在说什么，也无法明白你心里在想什么。所以，等你心情平复下来后我们再聊，好吗？"

孩子在心态平和时才能够袒露自己的心声。孩子有了这个经验之后，会明白在表达感情方面，沟通比哭泣更有效果。

忍耐和等待孩子平复情绪的过程是很辛苦的。尤其是在户外时，孩子的哭泣还会引来他人的侧目，父母也往往会因此更加严厉地责骂孩子。但这样会伤害孩子的自尊心，从而使他留下心理阴影。如果总是因为哭泣得到一些消极反馈的话，孩子就会认为表达情绪这件事本身是一件令人羞耻的坏事。那么，孩子就无法学会自如地表达自己的情绪，反而会在一再压抑情绪的情况下，出现更大的心理问题。

### 3. 读懂孩子的内心，予以共情。

孩子从4~5岁起，会增加挫折感、悲伤感和愤怒感等多种情绪的体验。父母可以在孩子停止哭泣、恢复平静之后，鼓励孩子把自己感受到的情绪用语言表达出来。如果孩子对语言表达还比较生疏的话，父母可以帮助孩子表达出来。

"你是因为和朋友分开，所以感觉舍不得吧！"
"你是因为弟弟拿走了你的玩具所以生气的啊！"
"哥哥刚才经过时拿走了你的玩具，让你生气了，对吗？"
"你努力画的画被爸爸踩到了，所以你很生气，对不对？对不起。"

这种时候，要多用一些能够表达孩子感受的词语。当孩子觉得自己的心意不被理解时，就会通过哭来表达。所以，共情和体谅孩子的内心是十分重要的。别忘了，有些事对父母来说不是什么大事，对孩子来说却是天大的事情，说不定就会给孩子留下心理阴影。

"下次再遇到伤心或是生气的事情，还来找妈妈倾诉吧！"
"爸爸随时准备听你说话。"

# 我好高兴！我不开心！
## 情绪波动大的孩子

"孩子的情绪像过山车一样忽起忽落，让人摸不着头脑。有时候，孩子正玩得好好的，遇到什么不满意的地方就会突然发脾气。我也想配合孩子的情绪，但根本跟不上他的情绪变化。明明刚才还兴奋地沉浸在乐高积木里，没一会儿就把积木扔掉开始发脾气。"

3~6岁时，孩子开始能够像大人一样感受各种情绪。由于这一时期是孩子情感开始细化的阶段，所以情绪波动会比较大。5~6岁时，孩子虽然能够产生共情能力，会开始理解周围的一切，感知他人的情绪，但他的情绪控制能力仍然不成熟，所以在控制情绪方面需要花费更多的时间。一般要到青春期之后，孩子的额叶才能发育到能够有效控制情绪的程度。在这之前，孩子的情绪控制能力不成熟是再正常不过的事了。

尤其是天生情感波动大的孩子，他们的感受力十分敏锐，表达情绪也很直接。在控制不好情绪的时候，他们常常会大喊大叫或是做出暴躁的举动。比起维持平和的情绪，他们更容易展现出爱憎分明的极端情绪。孩子心情好时，仿佛是世界上最幸福的孩子，能够一边哼歌一边做出一些令父母感动的举动。而当他情绪不好时，又会有十分激烈的反应，比如，孩子在家里开心地蹦蹦跳跳还不到 30 秒，就突然气得面红耳赤。孩子的情绪突然爆发，也是常有的事。

这种时候，父母常常会受到孩子的影响，也变得激动起来。当然，忍住怒火并不容易，但先对孩子的心情表示理解是很有必要的。

"是什么让你感觉到不满意了？是什么让你心情变得不好了？"

"原来是因为积木没有堆放好啊！"

"啊，是因为彩色铅笔断了啊！"

"你想好好写字，但写不好，所以才不开心啊！"

"没有合你的心意，所以你才感到难过的，对吗？"

## 孩子情绪波动大的潜在心理

当孩子的感受从"喜欢"瞬间转变为"讨厌"的时候，他的心情可能经历了 1 秒钟从 10 楼坠入地下 5 层的过程。我们不禁会发出疑问，心情并不是逐渐变差，而是瞬间的反转，孩子这样子不累吗？孩子发脾气时会把负面情绪撒向父母，父母对此往往也无法忍受："你为什么要这样对我，你想让我怎么办？为什么偏要对我发脾气，对我大喊大叫？！"

如此，孩子便会哭得更大声或是发更大的脾气。其实，孩子的表现里隐藏着他的心里话。

> 我也不知道我为什么会这样。帮帮我吧！我不知道该怎么控制自己的情绪。我并不是想对妈妈发脾气，但妈妈却生气了，我也很难过。

和孩子玩得正酣，孩子却突然爆发情绪时，最好能先结合孩子正在玩的玩具、周边的情况和孩子的健康状况进行判断，不要急于发火。

## 帮助孩子做好情绪控制的方法

孩子情绪波动大的话，父母与之相处起来会很辛苦。但即便如此，也不要把孩子的情绪起伏当作一件坏事来看，需要换个角度，从好的方面来思考。可以结合下面几种方法，帮助孩子学习如何控制好自己的情绪。

### 1. 放大孩子的优点。

情绪波动大的孩子常常会做出让父母吃惊的举动。他们能够把自己丰富的情感通过语言和绘画表现出来，颇具艺术天分和想象力。

当看到孩子展现出这些优点时，父母要积极地予以正向的反馈。这类孩子如果按照固有模式培养的话，很容易与父母发生矛盾和摩擦。所以，要允许孩子在其感兴趣的领域中更加自由地探索。

**2. 和孩子一起学习情绪管理。**

利用情绪卡片和情绪贴纸等,让孩子描述一下自己现在或一整天的心情。看漫画书,孩子能从漫画人物身上观察到各种不同的情绪。漫画有助于孩子从单纯的文字或语言表达中跳脱出来,通过更加生动形象的画面来感受人物细微的情绪差别,从而对情绪有更加明确的认识,并学会如何控制和调节自己的情绪。这不仅可以让孩子关注到自己的情绪,也能成为一个契机,让孩子学习去关注和感受他人的情绪。

下列活动或许会提供帮助。

| 把情绪勇敢地说出口 | 创建情绪词典 |
| --- | --- |
| 观察体现高兴、悲伤、生气、惊讶等情绪的图片,让孩子谈一谈自己产生这些情绪的经历。通过这项活动,孩子可以练习用语言将自己的情绪表达出来。 | 让孩子把自己感受过的每种情绪画出来,然后把这些画像书册一样订在一起。即使是同样的情绪,随着年龄的增长,人的感受也会有所变化。因此,定期进行这项活动对孩子健康成长是有帮助的。 |

**3. 观察孩子的情绪变化,引导孩子的行为。**

如果孩子的情绪起伏过大的话,那么就有必要观察一下孩子在一天之内的情绪变化。孩子做什么事情的时候心情好,什么时候会发脾气……父母有必要搞清楚孩子注意力集中的时段以及喜欢做的事情。

敏感的孩子会对每天固定不变的日程、重复多次的游戏和学习感到厌烦。即使是同一项活动,每次进行的时候也要做出一点改变,这样孩子才不会失去兴趣。如果孩子情绪烦躁,拍打父母或是扔东西的话,要先制止他的行为,然后告诉他可以怎样做。

"看来你很伤心啊!嗯,如果是我的话,我也会伤心的,但不能因为伤心就朝爸爸发脾气、扔东西。你可以告诉爸爸:'爸爸,我心情很不好,你能帮帮我吗?'这样,爸爸就会帮你平复情绪,明白了吗?"

### 4. 观察孩子是否感受到了压力。

有些孩子对压力的反应特别强烈。大脑在感受到压力时,下丘脑会向垂体释放激素,促使肾上腺分泌一种应急激素,使身体和大脑处于高度警戒状态,从而使孩子变得更为敏感。

孩子如果突然呈现出情绪不稳定的状态,有可能是在生活中感受到了压力和疲惫。父母要留意一下孩子的生活环境,比如,家中是否生了二胎,夫妻是否发生了争吵,孩子的课业压力是否增大,是否因搬家改变了居住环境让孩子感到不适,孩子是否受到了来自父母的严格管教,以及孩子与朋友的关系是否出现了危机等。

先问问孩子:"最近有什么让你感到累的事情吗?"如果孩子自己也认识不到自己的心情为何如此,或是因不知道如何对父母开口而不想说,父母不要强迫孩子,可以告诉他:"需要爸爸妈妈帮助的时候,随时来找爸爸妈妈。"如果想要在生活中查找孩子压力大的原因,和孩子的老师聊一聊是个好方法。孩子不断成长,感受不到压力是不可能的,但家长有必要为孩子营造一个能够缓解压力的环境。

**5. 提前告知规则和日程安排。**

有些孩子看似很有计划性，不喜欢临时安排，不喜欢尝试新事物，但如果事先告知他明确的规则或日程安排，他也会有安全感。我们经常见到很多孩子拒绝上幼儿园。因为对敏感的孩子来说，幼儿园是一个陌生的地方，每天去一个陌生的地方是一件令他感到害怕的事。

如果孩子是可以正常沟通的年龄，可以提前告诉他去幼儿园的频次，比如，一个星期要去几次，今天是第几次，这周还需要去几次等信息，用具体的数字来减少孩子的不安。

**6. 通过幽默来舒缓孩子的情绪。**

我和孩子们一起看过一部名为《天降美食》的电影。电影中的主人公每当感到慌乱和尴尬时，就会把双手举起，然后再把两手叉在腰间大笑起来。这个场面非常有趣，观影期间孩子们每看到此处总会哈哈大笑起来，并模仿起这个"叉腰笑"。

某天早上，我家老二正在开开心心玩耍的时候，我对他说："你该去幼儿园了。"听到我的话，他的心情瞬间反转，一边发脾气一边用脚踢着我说："我不要去幼儿园。"可能是感觉到自己的行为有些不妥，他随即学起了电影里的"叉腰笑"，用这个令我意想不到的方法缓解了情绪。

"妈妈，对不起。我不应该打你。"

听到孩子的道歉，我说："谢谢你首先想到向我道歉。"然后我也做出了"叉腰笑"的样子，这件事便这样过去了。面对孩子的失误或不当的行为，比起一味地训斥，不如退一步试试，给孩子一个主动道歉的机会，用幽默去化解问题。

# 妈妈，我生你的气了！
## 渴望内心被了解的孩子

"我就给孩子说了一句'姐姐正在学习，你安静一点'。结果他一整天都把眼睛瞪得像比目鱼一样，恨不得用全身来表达他的不满。看到他这个样子，我实在忍不住怒火中烧。他似乎比别的孩子更容易生气，总是表现出这样的状态。这到底是为什么？"

这是一个就算妈妈想哄哄他，也会气鼓鼓地不领情的孩子。面对一个一整天都在生气、问什么话都不回答的孩子，父母也束手无策，只能忍着火气前去搭话，可这往往是做无用功。等到终于知道了孩子生气的理由时，若父母觉得这不是什么大事的话，孩子便又会生气。面对这样爱生气的孩子，父母不免担心他和老师、同学相处不好。

3~5岁是孩子以自我为中心的阶段，这个年龄段的孩子还无法用语言把自己的负面情绪很好地表达出来，所以总是用拒绝或生气的方式来表达。但孩子如果到了小学阶段还是爱生气的话，就不是孩子以自我为中心了，而是孩子有希望被高度关注的需求。如果孩子想要通过攻击性的语言或行为获取周围的关注，或是想要按照自己的意愿改变某种状况的话,父母则有必要教育孩子学会正确且恰当的表达方式。

## 孩子表达愤怒的潜在心理

当孩子的意思没有被理解时,孩子会感到很难过。父母以为孩子只是闷闷不乐罢了,但实际上孩子说"我生气了"的时候,其实另有含义。

> 我现在生气了,但爸爸不懂我的意思。我的心情很不好,请快点安慰我。

孩子甚至有可能并不理解"生气"到底是什么。他也许只是把一切让自己不满意的情绪都称为"生气",这其中有可能包括害羞、委屈及依依不舍等情绪。

因此,父母不要做出这种反应:"你不可以那样,爸爸要生气了。为什么要说那样的话呢?"又或是:"又不是什么大不了的事,你为什么要那样做?"更好的做法是分析孩子在何种状况下会生气,帮助他认识自己现在到底沉浸在哪种情绪中。只有这样,孩子才能在以后感受到类似的情绪时,清楚地认识到自己是怎么了。

## 搞清楚孩子心思的办法

孩子闹情绪时,父母该怎么做才能维持好亲子关系呢?虽然孩子生气的原因是多种多样的，但大致可以归为三种。下面我们就围绕这三种原因来讲一讲，孩子闹脾气时，父母应当采取什么样的应对之法。

**1. 确认孩子是否在心理上受到了伤害。**

当孩子频繁生气、心情不见好转时，首先要安抚孩子受伤的心情。然后，问问他为什么心情不好。这时，即使孩子做出了一个看似荒唐的回答，也不要批评或无视他。因为在父母看来不是什么问题的事，对孩子来说有可能是很严重的事。

比如，孩子在弟弟妹妹出生之后，自己被充分关注的需求不再得到满足，就有可能频繁地闹情绪。当孩子控诉"弟弟把我堆的积木推倒了"的时候，如果父母回答"所有人家的弟弟都是这样的，你是姐姐，你要让着他"，孩子便会难过和愤怒。父母不以为然的反应会让孩子产生挫败感，认为"爸爸妈妈根本不知道我想要什么，也不懂我的心意"，从而导致负面情绪在心里滋生。

当孩子把这种情绪积压在心底无法消解时，就会在不经意间爆发出来。所以，即使受到细微的刺激，孩子也会做出过激的反应。面对孩子的反应，很多父母都会说："这是件值得生气的事吗？这件事不至于让你这么难过吧！为什么总是为小事生气？"父母的言语中流露着无法理解孩子行为的意思。当父母没有摸透孩子的心思，仅仅看到表象时，就会武断地认定孩子是敏感、易怒的人。

但如果孩子生气的行为反复多次出现，且持续很久，那么易怒就可能会变成孩子性格的一部分，而孩子也会像父母担心的那样，很难和同龄人和睦相处。因此，即使父母无法真正理解孩子生气的原因，也要遵照事实接纳孩子受伤后的情绪。

父母要告诉孩子"对不起，这段时间一直没能理解你"，让孩子明白父母对他的关心和理解，最好再抱抱孩子，轻轻地拍一拍他。如果在父母已经做出了足够努力的情况下，孩子依然不能打开心扉，那是因为孩子袒露全部的心事是需要时间的，父母应当给予耐心和包容，耐心地等待孩子的情绪冷静下来。如果需要多花费一些时间，也请理解孩子不过是因为此前承受的心理压力很大。

|  | 伤害孩子的话 | 温暖孩子内心的话 |
| --- | --- | --- |
| 弟弟妹妹做错事时 | "所有人家的弟弟都是这样的，你是姐姐，你要让着他。" | "弟弟弄坏了你的东西，你一定很生气很难过吧。" |
| 想和父母亲近时 | "你都是大孩子了，怎么还天天要抱一抱？" | "快过来，妈妈要抱你一百万次。" |

**2. 观察孩子是不是为了满足自己的需求。**

如果孩子是为了满足自己的需求而生气，请给孩子独处的时间，让他平复心情。

某天晚上，孩子正兴致勃勃地玩游戏，不知不觉间洗漱睡觉的时间就到了。我对他说："不要玩了，准备睡觉。"他却说："你再这么催我，我就再也不理你了。"他一说完，"咣"的一声，摔门进自己房间去了。

我虽然对此感到非常惊慌失措，但我没有对他的行为做出生气的反应，而是告诉他："再玩5分钟就出来。洗漱用品已经准备好了。等你心情好一点的时候就出来吧,妈妈在外面等你。"

过了一会儿,孩子从房间里出来时,我当面说出了他的心声:"比起洗脸刷牙,你肯定更想多玩一会儿吧!"然后,我再次向他强调为什么现在必须洗漱睡觉了。

"我不是不想让你继续玩下去,而是因为睡觉时间到了,所以才叫你去洗漱睡觉的。"

通过这个过程,孩子接受了"到了睡觉时间就不能再玩了"的事实。父母必须对孩子进行充分的说明,孩子才会在日常生活中避免此类情况反复发生。

父母也是人,面对孩子摔门的行为产生想要教训他的心理是很正常的。但我们的目的很明确,那就是叫孩子洗漱,然后睡觉。比起训斥他一顿,怎样说会更好呢?

"下次如果你想多玩一会儿的话,就告诉妈妈:'妈妈,我还想再玩一会儿。'"

让孩子知道,不需要发脾气,只需把自己的想法说出来,也能达到目的。此外,还有必要告诉孩子,当他摔门进房间的时候,爸爸妈妈的心里其实很难过。

### 3. 孩子有时也会为了得到关注而习惯性发脾气。

如果孩子是为了得到关注而习惯性发脾气,最好不要对他当下的情绪立刻做出回应,要在无视其情绪的同时,引导他做出好的表现。首先，等孩子自己将情绪平复下来，给他一个自我调整的机会。父母不要支配或控制孩子的情绪。等孩子稍稍消气之后，再告诉他可以跟父母聊一聊。

"你刚才为什么生气？可以告诉爸爸吗？我们边吃边聊好不好？"

父母可以让孩子吃一些喜欢的零食，或是跟他一起散步，帮助他从负面情绪里走出来。

如果孩子习惯性地在一天内发几十次脾气的话，最好问问他："在心情变糟的时候，应该怎么样表达会比较好？"我们要根据孩子的回答，酌情制定方案，帮助孩子练习使用不同的方法进行情绪表达。

# 这个明明就是歪了嘛!
## 自己制定规则的孩子

"老师,我家孩子最近对拼音很感兴趣。他把字母玩具吸在磁性黑板上玩了好一会儿之后,不收起来就开始在旁边画画。我以为他不再玩字母玩具了,就把他的字母拿下来收进盒子里了。然后孩子就嫌我动了他的东西,开始大喊大叫,还大哭起来。"

在父母看来没什么规律的字母磁铁,其实是孩子按照自己的规则摆放好的。孩子反反复复地吸上去、拿下来,其实是因为摆上去的字母没有达到自己想要的效果,总是歪歪扭扭的,所以才发脾气。在父母看来,明明每次字母摆放的结果并没有什么大的不同,但一拿下来,孩子就表现得像发生了什么大事一样,这让父母实在难以理解。

"我家孩子很执拗,似乎太敏感了。"

通常,我们认为"规律"和"创意"这两件事是对立的。固执于规则的孩子似乎不具有创造力和想象力。但哥伦比亚大学

（Columbia University）的心理学教授帕特里夏·斯托克斯（Patricia Stokes）曾指出，"莫奈、蒙德里安等著名画家为了激发灵感，会给自己制定一些严格的规则"。莫奈把自己的绘画素材限定在睡莲、白杨树等自然物上，终其一生对其反复作画。这使他能够把精力专注于研究光影的变化，最终脱离了传统绘画技法的框架，开创了印象派。蒙德里安则坚信水平线和垂直线控制着画作的一切，因此他只追求画直线。他在自己制定的规则框架内将创意发挥到了极致。这两位艺术家的故事告诉我们，创造力并不是在没有任何规则和制约的情况下自由生成的，而是在一个基本的框架中产生并发挥出来的。

麻省理工学院斯隆管理学院（MIT Sloan School of Management）唐纳德·萨尔（Donald Sull）教授的著作《简单的规则》一书中提到，"复杂的规则会让人的行动变得像机器人，但简单的规则能够赋予人自由和灵活性，让其最大限度地发挥才能"。人们通常以为"创造力"是一种从无到有的能力，实际上创造力大部分是基于既存的事物之上，经过改良和无数次的失败后发挥出来的。

坚持自己规则的孩子，虽然有时会让父母感到郁闷，但那正是孩子在发挥自己的创造力的过程中，为了画出长长的线条而点下的，只有自己才明白其意义的一个个点。父母要抱着这样的心态，去理解和包容自己的孩子。

## 孩子重视规则的潜在心理

孩子心中有着属于自己的框架和规则，一旦不符合自己的设想就会感到难过。这样的孩子，如果脱离了在框架或规则内有序运转的环境，就会因不顺心而烦躁不安。况且，孩子认为自己在做的事情就是对自己来说意义重大的事情，当然会更加期望事情按照自己的预期推进。

> 我想非常完美地做出来，如果能按我的设想进行就好了。为什么按照计划完美地做出一件事会这么难？做不好的话，我就会非常心烦，也会很难过。我不想看见那些歪歪扭扭的作品。把它们摆放得整齐漂亮对我来说非常重要，为什么这么难做到？

重视规则的孩子内心往往是不安的。当孩子没有达到自己的标准时，无论父母再怎么鼓励说"没关系，失误也没关系，现在这样已经做得很好啦"这样的话，对他们来说都一点不会奏效。比如，当孩子往图片上贴贴纸的时候，他会想要沿着边线贴得整整齐齐。或是在画画的时候，如果没画好他就会一遍遍地擦掉重画，直到自己满意为止。这个过程中孩子可能会嘟囔、哭泣，甚至发脾气。这时，默默旁观的父母也会感到很疲惫。

我还见过这样的情况，孩子让妈妈给自己梳辫子，结果两边的辫子梳得不是非常对称，于是孩子非得让妈妈解开重新绑，甚至反复数次。最后，还是以孩子生气大哭而结束。

当孩子的标准高于实际，事情没有按照孩子的预想发展时，孩子便会感到挫败，或是因此而生气地喊叫"我不做了"，然后干脆放弃。

## 在规则框架内激发孩子创造力的方法

敏感苛刻的孩子会把父母变得如履薄冰。有的孩子哪怕只是从规则框架中暂时脱离出来一下都不愿意,很多时候父母很难看到他隐藏的真实内心——想要把事情做好。

米哈里·契克森米哈赖(Mihaly Csikszentmihalyi)、霍华德·加德纳(Howard Gardner)和迪恩·基思·西蒙顿(Dean Keith Simonton)等著名心理学家都曾提到过这样一种现象,那就是具有创造力的儿童虽然表现出不遵循既有秩序、容易做出反抗性行为的倾向,但这种性格特征在使创造力开花结果的过程中具有决定性作用。我们也时常能够遇到在特定的时间和情况下,被认为是问题少年的孩子,其行为在时间和情况发生改变后,评价发生两级反转的情况。

那么,作为父母,我们试着换个角度看看孩子怎么样?不如将孩子的行为视作半创意性活动,虽然忍受这样的行为稍微有点痛苦。怀着这样的心态,父母可以耐心等待孩子平静下来,让他在自己制定的规则框架内拥有活动的自由,成长为一个具有创造力的人。

当孩子嘴里不断说着"这个明明就是歪了嘛",固守着自己的框架和规则时,父母可以按照下面的步骤帮助孩子:

| ①理解孩子不开心的原因 | "爸爸不是故意收走你的东西。爸爸误以为你已经不玩了,所以想来帮你收拾一下。你是因为爸爸没跟你商量就动了你的东西,所以才不开心的吧?" |

| ②让孩子明白他为自己制定的规则和框架，别人很可能是不知道的。 | "有时候的确会发生这样的事，但别人不是故意想要让你不开心才这样做的。这一点请你相信，别担心，没事的。" |
| --- | --- |
| ③让孩子了解即使从规则框架中脱离出来也是安全的。 | "你看，就算字母玩具的位置改变了，但它们还是可以正常使用的，对吗？即使它们的位置改变了，但它们依然是你的东西，这一点不变。" |
| ④在孩子产生挫折感时，给予他共情。 | "你是想自己做，却没有做好，所以才难过的吧。" |
| ⑤给孩子机会，鼓励他再次尝试。 | "做起来的确是会有困难的。你到这里来，和爸爸一起试一次怎么样？""咱们又试了一次。你看，又出现了一个新的样子。原来每一次练习的成果都会超越上一次！" |

规则对于创造力的培养是有帮助的。艺术学博士、著名画家贝蒂·爱德华（Betty Edwards）认为，当左右脑的思维模式发生转换时，创造力就诞生了。创造力正是在沉浸与抽离、埋头思考与放空大脑，以及活动与休息的间隙中产生的。

也就是说，创造力是在重复的日常和新的经验之间循环的过程中产生的。但很多父母却认为创造力只能通过丰富多彩的体验和活动来培养。当父母看到自己的孩子独自一个人玩耍或是静静地躺着不动的时候，总是感到胸中郁闷，想要带孩子出去走一走。事实上，在自己的世界里天马行空的孩子，更能展现出创造力。因此，有规律、成习惯的日常生活并不亚于在新领域丰富多彩的体验。

提高孩子创造力的方法，大致分为以下两种。

**1. 在重复的日常生活中培养创造力。**

观察并询问孩子在日常生活中对什么感兴趣。感兴趣并能专注于其中的领域能够成为孩子创造力的基石。其实,就连孩子说的"这个明明就是歪了嘛"这句话本身,也是因为孩子沉浸其中才能发现并说出的事实。学会称赞和鼓励孩子,并从孩子之前做过的事情中,寻找他感兴趣的领域。

"你怎么知道它歪了呢?哇,你居然能看得这么仔细,一定是很专注地观察才会发现。"

希望各位父母牢记,无论孩子是在不被既存框架束缚的自由环境中探索,还是在有一定规则的环境中发展,都是独属于孩子自己激发创造力的过程。孩子创造力的培养与其由父母带头,不如不要限制孩子的行为,让他自己去探索,通过五感去看、去听、去感受,在一次次行动的过程中激发灵感。在孩子的日常生活中,比如休息时间、发呆时间、散步时间和紧张感散去的时间,都是激发其创造力的重要时机。

**2. 在新的体验中培养创造力。**

参与新的体验时,有可能造成失误的情况能够对突触[①]产生刺激。熟悉的情况可以称为"模式",大脑在感到陌生的情况下,通过既存的模式无法解决问题时,便会激发出创造力。也就

---

① 译者注:突触是指一个神经元的冲动传到另一个神经元或传到另一细胞间的相互接触的结构。

是说，如果没有新事物的刺激，突触就不会产生，那么一天中大部分的记忆都会断掉，人就会觉得一天过得很快。通过视觉、听觉、嗅觉、触觉、味觉获得的新体验，会使脑细胞中增加更多新的突触。到一个陌生的地方去旅行时，我们会觉得一天既快又漫长，原因就在此。

在进行新体验时，让孩子毫无顾忌地表达自己的感情和想法，营造出能够让孩子自由活动的氛围，是非常重要的。这也是我们鼓励带孩子去体验各种活动或旅行的原因。

创造力也可以在孩子和朋友一起玩的过程中产生。让孩子和朋友一起探索新的玩法，或是和不同的人交朋友，这些都能对创造力的培养产生协同效应。

# 不是那个，也不是这个！
## 对什么都不满意的孩子

无论对孩子说什么，他都会回答"不"。不管是问他睡得好不好，还是肚子饿不饿，他的答案统统都是"不"，牛奶不要，果汁也不要，就连他自己挑选的东西也说不喜欢。

"孩子这样做是在测试我的忍耐力吗？"
"我到底什么时候才能心平气和地接纳孩子这样做呢？"

这样的孩子，恐怕向他抛出一百个问题，都会得到统一的回答——"不"。父母很难讨好他们，最终只好劝自己接受孩子像头犟驴。即使父母试图告诉自己这是孩子自我意识萌发的表现，但要不了多久，就会重新被孩子重复的否定回答折磨。反反复复地听到来自孩子的"不"，却怎么也搞不清楚他到底为什么会这样，这让父母感到无比郁闷，不想对孩子的话做出任何回答。然后，父母会在某个瞬间爆发出来："你再说一次'不'试试！看我怎么收拾你！"

## 孩子对什么都不满意的潜在心理

孩子到底为什么反复说"不"呢？父母难道就只能束手无策地听着孩子说"不"吗？其实，说"不"这件事是孩子产生自我意识的第一步。"不"是孩子在 16~30 月龄经常使用的词语，是孩子成长过程中极其正常的一环。

这时，比起自我意识发育的速度，孩子的认知和语言发育尚不成熟，只能通过哭闹、耍赖或躺在地上来表现。但这绝不是他在故意惹父母生气、测试父母的忍耐力，也不是想通过反抗让父母尝尝苦头。孩子有自己想要的东西，但尚不能用语言表达清楚，所以才会不断地说"不"。

孩子口中的"不"，其实是他表达看法的信号。

> 爸爸妈妈，我现在能够清楚地知道自己喜欢和讨厌什么了。我想更强烈地表达我的意见。没错，我现在也有自己的"意见"了，因为我在成长啊！

## 理解孩子内心的方法

孩子的言行背后都是有原因的。如果试图通过"什么'不'啊？你说说看"这样的问法来了解孩子的想法，孩子可能还是会回答"不"。这种时候，最好按照下面的方法分步骤来引导。

| | |
|---|---|
| 观察周围环境 | 仔细观察周围环境中是否有让孩子心情不好或感到不舒服的东西。 |
| 给孩子调整自己心情的时间 | 当孩子感情用事的时候,有必要给他独自调整心情的时间,然后再和他交流。<br>"妈妈在这里等你。如果你有想对我说的话,就来找我。等你心情好一点的时候告诉妈妈。" |
| 解读孩子的心思,并向他提出问题 | "你为什么会那样做?是谁让你那么生气呢?"<br>"你想再睡一会儿,却被叫醒了,所以才说'不要'吗?"<br>"你想吃糖,我没有给你吃,所以你才生气地说'不'吗?" |
| 给予孩子共情 | 当父母告诉孩子自己能够理解孩子的心情时,即使孩子不能完全听懂父母的意思,但看到父母亲切地关注自己的态度时,烦躁不安的情绪也会有所缓和。 |
| 告诉孩子除了"不",还有哪些词语可以表达自己的负面情绪 | 教孩子尽量用"我很烦""我好累""我心情很差"等具体的词汇来表达自己的负面情绪。 |

孩子起初很可能会用"我好累""我很烦""我很难过"等简单的句式来表达自己的负面情绪。随着孩子的成长,可以参考下面表格里面的内容,帮助孩子使用更丰富的表达方式。

| 经常使用的表达 | 更丰富的表达 ||
|---|---|---|
| 我好累。 | 我很紧张。<br>我很迷茫。<br>我想躲开。 | 我感到很无聊。<br>我觉得很烦躁。<br>我感到压力很大。 |
| 我生气了。<br>我很烦。 | 真令人讨厌。<br>我很恼火。 | 我感到愤怒。<br>我很受伤。 |
| 好可怕。 | 我感到很不安。<br>我很忐忑。<br>我有点焦虑。 | 我心里七上八下的。<br>我有些提心吊胆。 |
| 我很难过。 | 我感到惋惜。<br>我心里空荡荡的。<br>我很心痛。 | 我感觉心里像被掏空了一样。<br>我感到很不是滋味。 |

## 朋友不跟我玩。
### 因遭到拒绝而伤心的孩子

孩子们三五成群地聚在游乐场玩耍,妈妈们在一旁等待着。其中一个孩子突然对另一个孩子说:"我不和你玩!"另一个孩子闻言,跑到妈妈那里大哭起来:"妈妈,他说不跟我玩。"于是,一位妈妈露出了尴尬的神情,而其他妈妈也面露不悦。

"我不和你玩!"

该如何安慰听到这句话的孩子,这让父母感到很苦恼。而说出这句话的孩子的父母,也会瞬间陷入尴尬的境地。在幼儿时期,我想每个孩子都至少听过一次这样的话。

3~5岁的孩子和朋友们在一起玩耍的时候,会更加注重自己的游戏体验。因此,就算是和好朋友一起玩,也可能会出现摩擦。他们不想让自己正在玩的游戏中断,所以常常会说"我不和你玩"。如果有彼此都想玩的游戏,即使一起玩,也常常是在同一个空间里各玩各的。

当孩子听到朋友说"我不和你玩"并委屈地哭起来时,父母该怎么做呢?作为父母,情急之下也许会脱口而出:"你也不和他玩。"如果自己的孩子经常对别人说"我不和你玩",父母可能会频繁接到来自幼儿园的电话，或是从其他家长那里听到对自己孩子的负面评价。这是个令父母十分苦恼的问题。

## 孩子拒绝别人的潜在心理

为了更好地安慰遭到拒绝的孩子，以及更好地理解拒绝别人的孩子，作为父母有必要思考一下孩子说出"我不和你玩"这句话背后隐藏的心理活动。

> 我现在正在玩别的游戏呢。不要来打扰我。我想和别人一起玩。

特别是当朋友关系中聚集了三个人时，很容易出现两个人结对、另一个人遭到疏远的情况。在这种时候，想和朋友一起玩，想亲近朋友的意愿没有得到满足的话，落单的那个人就会感到难过，甚至委屈地哭起来。其实这只是因为当时彼此想玩的东西不一样罢了。

## 如何安慰遭到拒绝的孩子

"我不和你玩""我也不和你玩"，分分合合的玩耍模式并不只是发生在幼儿时期。即使到了小学、初高中阶段，孩子和朋友亲近又疏离的现象也会一直存在，只是语言的内容有所改变罢了。

成年人会有所不同吗？即使是在夫妻关系中，双方除了不会说"我不和你玩"这样孩子气的话,其实也会有误会和争吵,只不过在这个过程中,夫妻双方学会了相互理解和尊重。

孩子和朋友发生矛盾是很正常的。只是作为父母,在孩子因朋友矛盾而伤心或痛苦时,应当采用多种方法伸出援手。

**1. 不要急于提出解决方案,要先安慰孩子。**

孩子感到难过时,要先安慰孩子,可以抱抱他或者用语言宽慰他。在孩子伤心的第一时间对他说"你一定很难过吧"或者"你觉得不开心了吧",对他表示共情。

有些孩子由于难过会长时间哭泣,或者把悲伤的情绪长时间憋在心里。当孩子遭遇负面情绪的时候,会希望父母能懂得自己的心情,希望父母能够分担和安慰自己被拒绝的难过、失望和挫败。孩子也知道自己可以选择去找其他人玩。但当父母告诉自己遭到拒绝时下次再试试就可以了的时候,孩子会感到自己的心情不被理解,从而更加烦躁,表现出不开心的样子。因为这个阶段的孩子还没学会用语言来合理地表达自己的负面情绪。

"你当时的心情怎么样?"
"你当时肯定很难过吧!"
"如果当时是妈妈的话,可能也会难过得流眼泪呢。"

孩子看到父母满含真心的眼神,了解到父母的心意,便能够产生摆脱悲伤的力量。通过父母温暖的共情和谅解,孩子能够充满积极的正能量,也能获得消解负面情绪的力量。

**2. 做一些有助于平复情绪的活动。**

问问孩子喜欢使用哪些方法来平复情绪,或者父母可以从孩子平时喜欢的活动中挑选几项来做。比如,通过画画来表达自己的心情,或是通过写日记、给朋友写信来表达。如果孩子年龄小,还不会写字,父母可以帮他把想说的话写下来。

**3. 如果孩子遭到朋友的拒绝,要尊重孩子朋友的意愿。**

"怎么会有这种人?我得教训他一下。"如果站在孩子那边,怒斥拒绝他的朋友,发表关于这位朋友的负面言论的话,孩子的反应大概会是"爸爸,你为什么要那样说我的朋友"。当朋友说"我不和你玩"的时候,应当尊重朋友的意愿,并对孩子做好引导工作。

*"那我们就下次再跟他一起玩吧!想玩的时候告诉爸爸!"*

**4. 给孩子加油,告诉他一定能交到志趣相投的好朋友。**

虽然父母都鼓励孩子和朋友和睦共处,但如果孩子在某位朋友那里总是受到伤害,也不必强求孩子与之相处。同时,有必要告诉孩子,人不可能让世界上的每个人都喜欢自己。

*"这个世界上有很多很多人,不可能每一个人都喜欢你。我们也不可能做到让每一个人都满意。所以,我们没有必要让自己符合别人的每一条标准。每个人喜欢交的朋友不同,相信自己,你一定能找到自己的好朋友。"*

**5. 告诉孩子交朋友的方法。**

父母不可能给孩子包办交朋友这件事,但父母可以告诉孩子如何交朋友。

| | |
|---|---|
| 走上前去,主动打招呼 | 这是最好也最简单的交朋友的方法。虽然刚开始会觉得有点别扭,但练习几次之后,你就能大方地走上前去,和对方说:"你要和我一起玩吗?我正在挖沙子,你在玩什么呢?" |
| 询问对方的兴趣爱好 | 可以问问新认识的朋友有哪些兴趣爱好,如游戏、美食、养宠物,等等。如果彼此有相同的兴趣爱好,则会更快地拉近彼此的距离。 |
| 开心一笑 | 听朋友讲话时,注视着对方的眼睛,露出灿烂的笑容。 |

## ★ 如何理解孩子拒绝别人的行为 ★

> 1. 询问孩子当时的情况和拒绝的原因。

父母在孩子做出不恰当的言行时，第一反应大多是对孩子说："不要说这种话。不可以。"但往往孩子的言行背后都有其原因。父母在和孩子交流之前，最好先问问孩子说话时的情况是什么样的，以及他说这些话的原因是什么。

> 2. 让孩子换位思考，如果别人跟他说"我不和你玩"，他会是什么心情？

父母扮演孩子的角色，让孩子扮演被拒绝的朋友的角色，让孩子感受一下遭到拒绝的心情是怎样的。父母如果只告诉孩子"朋友会伤心的"，孩子会认为比起自己，父母更在乎朋友的感受，从而彼此之间产生误会和隔阂。而通过角色扮演，孩子能体验一下别人对他说"我不和你玩"的感受，孩子便会主动地换位思考，体会朋友的感受。

父母可以通过提问引导孩子找到属于自己的应对之法。即使是亲兄弟之间也会出现这种情况。在游乐场排队荡秋千的兄弟俩，吵着谁先荡秋千的场景是很常见的。

> 3.引导孩子想一想，如果不说"我不和你玩"，还有哪些话可以表达自己的想法。

"妈妈，是我先排队的。"

"不是的，妈妈，哥哥是后来的。"

"怎么办比较好呢？秋千只有一个。谁有好方法呢？"

"你一次，我一次，我们交换着玩吧。你荡秋千的时候，我去滑滑梯好了。"

父母首先应当给予孩子独立解决问题的机会。虽然有时需要父母出面裁决，但这种情况下父母最好先后退一步，让孩子明白自己有能力解决问题。

如果孩子年幼，无法靠自己找到解决方法，可以参考下面的方式进行说话练习。

| | |
|---|---|
| 想独自玩的时候 | "我还想自己再玩一会儿这个游戏。等一下我们再一起玩吧！" |
| 和朋友玩的过程中出现问题的时候 | "你这样会让我很不舒服，以后别这样做了。" |

**4. 设定多种情景，开展情景对话。**

和孩子设定在这些情景下：被朋友捉弄的时候，其他朋友弄坏自己玩具的时候，想和朋友一起玩的时候，和朋友一起搭的积木倒塌的时候，自己的玩具被别人抢走的时候，洗手间的门无声打开的时候，等等，配合下面的问题进行对话。

"被朋友捉弄的话你会怎么办？"
"你认为其他朋友这样做的原因是什么？"
"你有没有解决这个问题的办法？"
"你有没有经历过类似的情况？"
"你认为朋友是什么心情呢？"
"你有什么办法可以安慰你的朋友吗？"

像这样对孩子提问，有助于孩子独立思考，并从中找到解决问题的方法。

**结语**

# 请父母停止长篇大论的反省!

## 最具创造性的育儿从现在开始

"妈妈都不懂我的心……"

当我忙于事务,急急忙忙地想把老二送到幼儿园时,他如是说。

"嗯?你说妈妈不懂你的心?那你现在心里在想什么,可以告诉妈妈吗?"

在出门之前,我被孩子突如其来的这句话搞得有点蒙。

"在妈妈心里,我不是最重要的!"

原来,他是看到妈妈想快点把他送去幼儿园时急匆匆的样子,认为妈妈把工作看得比他更重要。

"谢谢你能把自己的想法坦率地告诉我。以后当妈妈没有看出你心思的时候,你一定还要像今天一样告诉我哦!在妈妈心里,你是最重要的。妈妈足足等待了5年,你才来到我的身边,你都不知道你对妈妈来说有多么珍贵。"

听到这些话,孩子先是松开了我的手,然后就开开心心地出门上幼儿园去了。

我在养育两个孩子的过程中,无时无刻不在感受每个孩子学习语言的方法、喜欢的书本或游戏、表达喜好和厌恶的方式、想得到的称赞和表达爱的方式等都不一样的事实。两个孩子的性格如此不同,又怎么能用同一种养育方式去培养呢?对这个孩子适用的方法,到了另一个孩子身上就失灵了。父母的教育方式和在家庭中扮演的角色也要随着孩子的性格特点和成长阶段而转变。因此,父母必须调整自己的心态,对孩子抱以好奇心,仔细观察和把握孩子的性格特点与发展倾向。而了解孩子性格和内心的第一步正是了解孩子的语言。

养育两个孩子的时候,我将自己所拥有的所有经验、知识和智慧全部调动起来,让适用于我和孩子之间的创造力充分发挥出来。世界上什么样的事最具有创造性呢?答案并不像客观题那样明确,而是像主观叙述题那样,只有一个大致的方向和范畴。每个家庭的环境和情况都是不同的,父母和孩子也是不同的。因此,教育是最具创造性的事。倾听孩子的话,不断地提出问题,才能成就最具创造性的孩子。

最重要的是,在教育过程中各位父母要学会激励和支持自己。我常常见到参加完家长课堂或做完咨询的父母，回到家之后就把自己对孩子的歉疚写成一篇长篇大论的反省检讨书。我曾在一个沟通项目中给在场父母布置了一项任务，那就是让他们问问自己的孩子，在什么时候最爱父母。

"当我像乌龟一样慢吞吞的，而妈妈却在旁边耐心等待我的时候，我最开心。我也想快一点，但我有时候的确做不好。"

一位妈妈说，孩子的话让她开始反省自己。但与其反省，不如先对孩子的直言不讳表示感谢。孩子能够对父母敞开心扉，这本身就是出于对父母的信任才能做到的事。孩子到底是怎么想的呢？父母其实很难了解孩子全部的内心世界。与其对孩子感到抱歉，不如怀着感恩的心，不断鼓励自己在育儿之路上前行。

"没有问题儿童，只是有很多问题家长罢了。"

我衷心地希望这句话可以不再出现在家长课堂上和育儿书中。18年来，通过与无数孩子和父母面对面地交流，我确信几乎所有父母都把自己认为最好的东西给了孩子。当然，使用错误的或不成熟的教育方法对待孩子的案例也屡见不鲜。但大部分父母是因为自己小时候没有从自己的父母那里接受良好的教育理念，才在自己为人父母后不知道该怎样科学地教育自己的孩子。

并不是孩子出现了一些不当行为，就说明他的父母是问题父母。也有很多父母虽然自己并未从上一代那里得到足够的爱和安全感，但在教育自己的孩子时，在方方面面都付出了十足的耐心和努力。这些父母都是育儿领域的革新家。即使我们小时候没有从上一代那里得到好的教育理念,但我们可以努力让我们的孩子接受优质的教育。我们也可以从孩子身上学到很多东西,这一切的起点就是学会听懂孩子的话。我们之所以说孩子是最棒的礼物,正是因为在育儿的过程中,我们和孩子是共同成长的。但如果我们只知道写反省检讨书,还被困在过去和现在的话,我们就很难大步地走向未来。

与其跟别人家的孩子和父母做比较,不如留意一下自己和孩子与昨天相比,在今天有没有进步。当孩子真实的样子被父母接纳,并得到父母真心的支持和鼓励时,孩子一定能健康茁壮地成长。当父母认可孩子最真实的样子,称赞孩子的作品,对孩子全力以赴的样子表示肯定时,孩子一定会有信心做得更好。

衷心希望各位父母阅读完本书后,不再只知道写反省检讨书,而能够和孩子建立更健康的亲子关系。

千英姬

2022 年 11 月